지속가능한 기반시설 유지관리

이영환
인하대학교

1장 기반시설과 관리   6

1.1 기반시설 개요   9

1.2 기반시설의 관리   16

1.3 기반시설 유지관리의 미래 모습   26

2장 해외의 노후 인프라 관리 사례와 시사점   30

2.1 미국   33

2.2 일본   39

2.3 영국   45

2.4 시사점   50

3장 기반시설 평가 보고서   54

3.1   미국   58

3.2   캐나다   68

3.3   영국   74

3.4   일본   79

4장 우리나라 기반시설 관리   86

4.1   노후 인프라의 실태와 관리 현안   90

4.2   정부의 노후 인프라 관리 정책   104

4.3   향후 추진 과제   112

참고문헌   119

권4. 지속가능한 기반시설 유지관리

1.1 기반시설 개요
1.2 기반시설의 관리
1.3 기반시설 유지관리의 미래 모습

기반시설과 관리

우리는 '대우치수(大禹治水: 우임금이 물을 다스리다)'라는 중국 고사성어와 '모든 길은 로마로 통한다'는 서양 속담을 알고 있다. 이들 말을 들으면 홍수 피해로부터 인류사회를 안전하게 하는 수로·제방 시설과 사람이나 물건의 유통을 원활하게 해 인류사회에 풍요로움을 가져다 준 교량과 도로시설이 머릿속에 떠오른다. 이는 재화와 서비스를 인류에게 제공하고 자연재해로부터 인류를 안전하게 지켜주는 물리적인 시설의 사례이다. 인류사회는 이러한 물리적인 시설에 크게 힘입어 오늘날의 진화와 성공을 이뤄냈다.

군수물자와 병력의 이동을 위해 만들어진 로마의 도로는 전쟁 승패의 핵심 병참(兵站)이자 로마의 부(富)는 물론 로마 시민이 일용(日用)할 양식과도 긴밀하게 연관되어 있다. 우(禹)임금은 홍수 방지 실패로 쫓겨난 아버지 곤(鯀)을 대신해 치수에 성공하며 순(舜)임금에 이어 임금 자리에 올랐다. 치수로 중국 최초 왕조인 하(夏) 왕조를 건국하였다고 할 정도로 수로·제방의 관리는 왕의 통치나 왕조의 운명과 밀접한 관련이 있다.

도로, 교량, 제방, 수로 등은 우리 개인의 삶과 공동체 삶의 기반(基盤)이 되는 시설이다. 이러한 기반시설의 역할과 기능, 생애주기적 관리, 공학적·경제학적·경영학적 함의(含意) 등을 다양한 관점에서 살펴본다.

1.1
기반시설 개요

기반시설의 정의

기반(基盤)시설은 영어의 'Infrastructure'에서 유래한 말이다. 일부에서는 영어 단어의 축약형인 '인프라'로 불린다. 기반시설이 사회 전체의 이익을 도모한다는 관점에서 '사회인프라' '사회기반시설' '사회간접자본Social Overhead Capital, SOC' 등의 용어도 사용된다.

인프라스트럭처(Infrastructure)

위키백과에 의하면, 인프라스트럭처는 "하부"를 의미하는 라틴어 접두어 '인프라INFRA'와 "구조·조직·구성" 등을 뜻하는 프랑스어 'STRUCTURE'의 합성어에서 유래하였다. 인프라스트럭처는 경제활동의 기반을 형성하는 기초적인 시설과 시스템fundamental facilities and systems을 말하며, 도로나 하천·항만·공항 등과 같이 경제활동과 밀접한 물리적 사회자본을 일컫는다. 최근에는 학교·병원·공원과 같은 사회복지시설이나 생활환경시설 등도 포함시킨다. 미국토목학회가 4년마다 발행하는 기반시설평가보고서Infrastructure Report Card에서 취급하는 인프라스트럭처는 2021년도를 기준으로 17개 시설을 포함한다.

소셜/이코노믹 인프라스트럭처(Social/Economic Infrastucture)

위키백과에 따르면 소셜 인프라스트럭처Social Infrastructure는 사회 활동을 지원하는 시설의 건설 및 운영을 광의로 해석하고, 사회구성원의 만족감을 배가하고 경제적 활동을 증진하는 데 기여한다. 학교시설, 공원, 공공안전시설(치안시설, 교정시설, 소방서 등), 하수처리장, 병원시설, 스포츠시설 등이 여기에 속한다. 일부 국가(예를 들어 뉴질랜드)는 지역사회의 이코노믹 인프라스트럭처(관내 도로, 관내 상·하수도 등)를 소셜 인프라스트럭처에 포함시키기도 한다. 이코노믹 인프라스트럭처는 국가 단위 경제의 생산 및 분배 활동을 지원하는 기반시설로 도로·고속도로·교량·공항·전기·통신시설을 말한다.

인프라와 사회인프라

일본 토목학회는 기반시설에 해당하는 용어로 '인프라'와 '사회인프라'를 구분하여 정의한다. 인프라는 시민들로 하여금 지속가능하고 풍요로운 사회경제활동을 영위케 하고 생활의 안전·안심을 확보하며, 국토의 효과적인 활용을 가능하도록 사회적으로 공유하는 복수의 구조물·시설 등의 인공(人工)공물이나 자연공물로 구성되는 하천 그리고 사방댐·상하수도·에너지시설·도로·항만·공항 등을 총칭한다. 하드웨어적인 측면을 강조하여 인프라시설이라고 칭하기도 한다. 사회인프라는 인프라와 그로 인해 제공되는 시스템이나 서비스를 포함한 것으로, '사회기반' 또는 '사회자본'이라고 한다. 사회인프라에 비해 인프라는 구조물이나 시설 등 물리적·공학적 측면을 강조하기 때문에 인프라에 의해 제공되는 서비스가 다양한 요소에 의해 지탱되는 것을 강조한다.

사회간접자본(Social Overhead Capital, SOC)
사회간접자본의 경제학[1]에 의하면, 사회간접자본은 경제 성장과 활동의 바탕이 되는 재화와 서비스를 생산하는 시설물과 전달체계로 정의된다. 우리나라 통계청은 사회간접자본에 대해 '개개 경제 주체의 생산 및 소비활동에 직접 동원되지 않으나 국가 전체의 경제활동에 중요한 기반을 제공하는 교통·통신·전력 등 공공시설인 자본설비를 말한다'고 규정하고, SOC예산 규모에 관한 통계자료를 발표한다.

사회기반시설
「사회기반시설에 대한 민간투자법(이하, 민간투자법)」에서 사회기반시설은 각종 생산활동의 기반이 되는 시설, 해당 시설의 효용을 증진하거나 이용자의 편의를 도모하는 시설 및 국민생활의 편익을 증진하는 시설로 정의한다. 민간투자법은 구체적인 사회기반시설의 종류를 경제활동의 기반이 되는 시설(도로, 철도, 항만, 하수도, 하수·분뇨 처리시설 등), 사회서비스의 제공을 위하여 필요한 공용시설(유치원, 학교, 도서관 등), 국가 또는 지자체의 업무수행을 위하여 필요한 공용시설(공공청사, 보훈시설 등),

---

[1] 사회간접자본의 경제학, 홍성웅, 박영사, 2006, p. 22

일반공중의 이용을 위하여 제공하는 공공용 시설(생활체육시설, 휴양시설 등)로 규정한다.

기반시설

「국토의 계획 및 이용에 관한 법률(이하 국토계획법)」에서 기반시설은 국토계획법의 목적인 '공공복리를 증진하고 국민의 삶의 질 향상'을 달성하기 위한 교통시설(도로·철도·항만·공항·주차장 등), 공간시설(광장·공원·녹지 등), 유통·공급시설(유통업무설비, 수도·전기·가스공급설비, 방송·통신시설, 공동구 등), 공공·문화체육시설(학교·공공청사·문화시설 및 공공필요성이 인정되는 체육시설 등), 방재시설[하천·유수지(遊水池)·방화설비 등], 보건위생시설(종합의료시설·장사시설 등), 환경기초시설(하수도, 폐기물처리 및 재활용시설, 빗물저장 및 이용시설 등)을 가리킨다. 정부는 기반시설의 체계적인 유지관리와 성능개선을 통하여 국민이 보다 안전하고 편하게 기반시설을 활용할 수 있도록 한다는 취지로 「지속가능한 기반시설 관리 기본법(이하 기반시설관리법)」을 제정하여 2020년부터 시행하고 있는데, 이 법에서 사용하고 있는 기반시설의 정의는 「국토계획법」의 것을 준용한다.

이 글에서는 국가와 제도에 따른 용어의 차이를 엄격하게 구분하지 않는다. 즉 어느 용어가 더 적합하다는 것보다 용어가 가지는 함의를 담아내는 것이 더 중요하다고 판단, 엄격한 용어 선

택을 하지 않을 것이다. 문맥의 전달에 더 큰 비중을 두되, 가장 큰 범위로 여겨지고 어원에 충실한 '기반시설'과 '인프라'라는 용어를 주로 사용한다.

기반시설의 생애주기(구상에서 폐기까지)

시간축에 따른 기반시설의 생애주기는 〈그림 1-1〉과 같이 도식화할 수 있다[2]. 기반시설의 생애주기를 건설단계와 운영단계로 나눌 수 있다. 건설단계는 기반시설의 구상·계획·조사·설계·시공 등의 순으로 진행된다. 운영단계는 기반시설의 운영관리·유지관리·갱신·폐기 등의 부문으로 구성된다. 운영단계에서 운영관리와 유지관리가 가장 긴 시간으로, 기반시설이 목적으로 하는 서비스를 제공하는 기간이다. 이 기간의 유지관리는 기반시설의 기능을 유지하여 필요한 서비스를 만족한 서비스 수준으로 제공

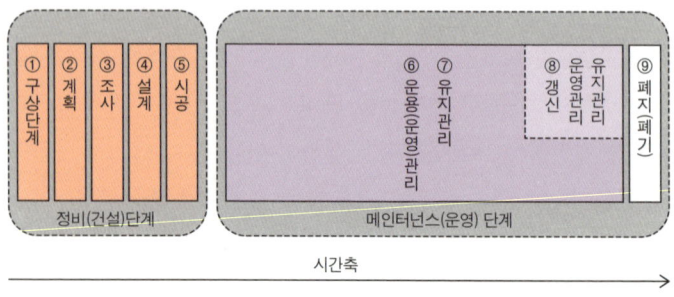

〈그림 1-1〉 기반시설의 생애주기(구상에서 폐기까지)
출처: 사회인프라 메인터넌스학(2019)의 내용을 일부 수정

2　社会インフラ メンテナンス学, 橋本 鋼太郎(編集), 日本土木学会, 2019, pp. 9-10

할 수 있어야 한다. 유지관리 업무는 유지, 수선(보수), 개량(보강), 갱신 등과 같은 유형으로 추진된다. 또한 우리나라는 고령사회에 접어들었고 지방소멸이 지자체의 현안이다. 이른바 '인구감소 시대'를 맞이하면 기반시설의 폐기에 대한 논의가 필수적이다.

1.2
기반시설의 관리

기반시설의 특징과 자산관리

우리나라는 1970년대부터 최근까지 '압축 경제성장'을 지원하는 '압축 건설'에만 모든 역량을 쏟아 왔다. 즉 기반시설 생애주기 중 건설단계에 관련한 법·제도, 기술기준체계, 재원조달 등이 갖춰졌다. 그러나 이제는 기반시설 운영단계, 특히 유지관리에 관한 법·제도를 마련하고 관련 기술체계를 구축하는 것이 필요하다. 특히 적정한 유지관리 예산을 확보하기 위한 예산 및 재원조달에 관한 법·제도 시스템 정비와 여론환경 조성이 필요하다.

기반시설 건설·운영단계에는 다양한 주체가 관련되어 있다.

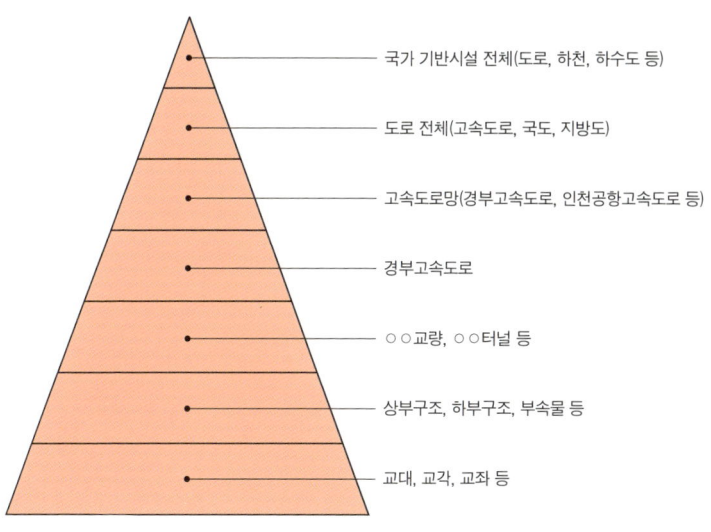

〈그림 1-2〉 기반시설 계층구조(도로시설의 예)

지자체와 국가공기업 등의 공공섹터와 민간투자사업에 참여하는 민간조직, 민간 비영리단체Non-Profit Organization, NPO도 기반시설의 이해관계자이다. 공익성 측면에서 공공섹터 중심의 시스템과 환경에서 다양한 이해관계자가 참여하는 패러다임으로 전환되어 가는 우리나라의 현실에 대한 이해가 필요하다.

기반시설은 <그림 1-2>와 같이 다중 계층으로 구성되는 복잡한 체계가 특징이다. 예를 들어 교량의 경우 위치하는 지역의 환경조건(해상·육상 등의 위치에 따른 염해 영향이 다름)과 하중조건(통행 차량의 중량)이 다르다. 또한 고속도로냐 혹은 국도냐에 따라 교량의 관리주체가 달라져 관리환경이 상이하다.

기반시설이 가지고 있는 복잡성과 다양한 환경을 고려한 관리체계 정립의 필요성이 커짐에 따라 기반시설 관리주체가 자산관리Asset Management 개념을 도입하는 사례가 늘어가고 있다. 미국 연방도로국Federal Highway Administration은 기반시설의 경제적이고 효율적인 유지관리를 위해 1999년에 자산관리Asset Management 개념을 도입하여 실무에 적용하였다. 미국 연방도로국의 자산관리는 물리적 자산(기반시설)을 효율적으로 유지관리하는 체계적인 프로세스로 정의한다. 자산관리는 공학적인 개념을 작업 산출물이나 프로세스 능력을 개선하는 소프트웨어 공학 활동이나 관리 활동인 실무적 프랙티스practice와 경제적 이론을 조합하여 합리적인 의사결정을 하는 도구를 제공한다. 또한

단기·장기 계획을 함께 다루는 프레임워크framework도 제공한다. 프레임워크는 어떠한 목적을 달성하기 위해 복잡하게 얽혀 있는 문제를 해결하기 위한 구조를 말한다. 일본 국토교통성은 2003년에 도로구조물의 자산관리 도입의 필요성을 인식하고 일본토목학회와 함께 추진하고 있다.

자산관리는 공학적·경제학적·경영학적 접근방식을 적용해야 한다. 기반시설의 데이터를 관리하고 점검하며 점검 결과로부터 열화예측prediction of deterioration 등을 진단한다. 또한 이들 결과에 근거하여 보수나 보강을 실시한다. 이러한 유지관리 활동에는 공학적 접근방식이 적용된다. 기반시설의 효율적인 운영을 위해 적용하는 비용편익 분석은 경제학적 접근방식이다. 투자의 규모와 시기를 결정하고 예산의 평준화를 도모하기 위해서는 사업의 우선순위를 정해야 하는데, 여기에 경영학적인 접근방식이 적용된다.

기반시설의 열화(deterioration) 현상[3]

기반시설의 열화는 기능적 열화Functional Obsolescence와 구조적 열화Structural Deterioration로 구분한다. 기능적 열화는 외적 조건이나 요구의 변화에 따라 기반시설의 기능이 외견상 저하하는 것을 말한다. 예를 들어, 도로교 설계에 적용되는 자동차 중량이 증가하여 설계하중이 커졌다면, 오래된 교량은 기준을 만족하지 못

---

3 社会インフラ メンテナンス学, 橋本 鋼太郎(編集), 日本土木学会, 2019, pp. 36-41

해 이용하지 못하는 차량이 발생하게 되는데, 이러한 상태의 교량은 기능이 저하된 것이다.

시간이 지나면서 자연물에 발생하는 경년적(經年的) 변화 aging는 풍화 weathering라고 하고, 특히 이용에 악영향을 미치는 경우를 구조적 열화라고 정의한다. 기반시설의 주요 재료인 강재, 콘크리트, 암석·석재, 흙 등은 자연에서 채취된다. 따라서 기반시설의 재료는 풍화 또는 열화되며, 이로 인해 기반시설에도 열화현상이 생긴다. 풍화 또는 열화는 재료의 화학적·물리적·생물적 특성에 기인하고, 이들 특성이 복합적으로 영향을 끼치는 복합적인 열화현상도 일반적이다. 예를 들어, 도로 포장의 주요 열화요인인 마모는 마찰에 의해 표면이 닳아지는 것인데, 이는 접촉면의 물리적·화학적 상태에 의존하는 복잡한 열화현상이다.

구조적 열화는 시설물의 설계와 시공이 정해진 규격을 맞추지 못해 일어나는 초기불량에도 기인한다. 또한 수선(보수)·개량(보강)도 기반시설의 구조적 열화에 큰 영향을 미친다. 기능적 열화와 구조적 열화는 상당한 불확실성을 내포하고 있다. 이러한 불확실성이 기반시설의 운영단계에서 리스크의 원인으로 작용한다. 즉 기반시설의 기능·성능 변화의 예측이 어려운 점이 이러한 불확실성을 만들어 낸다. 점검 등의 데이터를 기반으로 한 리스크 관리가 기반시설 유지관리에 활용되어야 하는 이유가 여기에 있다.

기반시설 생애주기 관점에서 기능·성능 변화 추이[4]

아래 〈그림 1-3〉은 기반시설의 생애주기 관점에서 기능과 성능의 변화 추이를 개념적으로 표현한 것이다. 하중·내하력·용량 등은 정량화가 가능하지만, 사용성 등은 정량화가 쉽지 않아 기능·성능이 실제의 값으로 표현되지 못한다. 따라서 기능과 성능의 변화 추이를 개념화하여 설명한다.

기반시설이 사용을 개시한 시점의 기능·성능 수준O은 필요수준에 대해 충분한 여유를 가지고 있다. 일반적으로 'O' 수준이 사용되면서 서서히 기능과 성능이 저하된다고 이해하고 있지만, 자연재해 등과 같은 돌발적인 상황으로 기능과 성능이 급격하게 저하되는 경우A도 있다. 급격한 저하의 다른 원인으로는 미처 인지하지 못하였던 결함이나 설계상 불비(不備)가 발견되어 상정된 수준이 크게 낮아지는 것이다.

'A' 수준의 기반시설을 개량하여 'B' 수준으로 높일 때 중요한 것은 저하 원인에 대한 재발방지 대책을 수립해서 개량해야 한다는 점이다. 그렇지 못한 경우에는 수준 B에서 급격한 열화가 발생할 수 있다. 재료나 공법의 불확실성이 그 원인이다.

필요수준의 상승a에 따라 현재수준이 부족해 수준 C로 다시 한번 개량을 할 때, 현재수준이 필요수준에 못 미치는 'a-C' 구간의 시점에서는 응급대책 실시, 점검주기 단축, 상시 모니터링, 이용의 일부 제한 등 상황에 맞는 적절한 조치가 취해진다.

---

[4] 社会インフラ メンテナンス学, 橋本 鋼太郎(編集), 日本土木学会, 2019, pp. 44-45

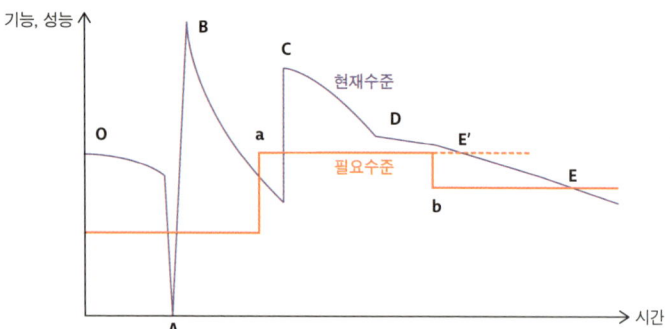

〈그림 1-3〉 기반시설 생애주기 관점에서의 기능·성능 변화 추이
출처: 사회인프라 메인터넌스학(2019)의 내용을 일부 수정

수준 'D' 이후에는 열화 속도가 늦춰진다. 열화속도를 지연시키는 대책이 반영된 결과이다. 시간이 지나면서 현재수준이 수준 'E'가 되면 필요수준을 만족시키지 못하지만, 이용제한 등에 의해 필요수준을 'b'로 낮춰서 수준 'E'까지 기반시설의 사용을 연장할 수 있다.

기반시설 유지관리 사이클[5]

기반시설의 유지관리는 불확실성을 내포하고 있다. 이를 극복하는 방안은 최선의 예측과 계획의 최적화를 전제로 하고, 개선과 피드백 프로세스를 포함한 계획·실행 사이클(그림 1-4)을 구축·운영하는 것이다. 〈그림 1-4〉의 상부에는 조치를 구체화하는

5 社会インフラ メンテナンス学, 橋本 鋼太郎(編集), 日本土木学会, 2019, pp. 46-49

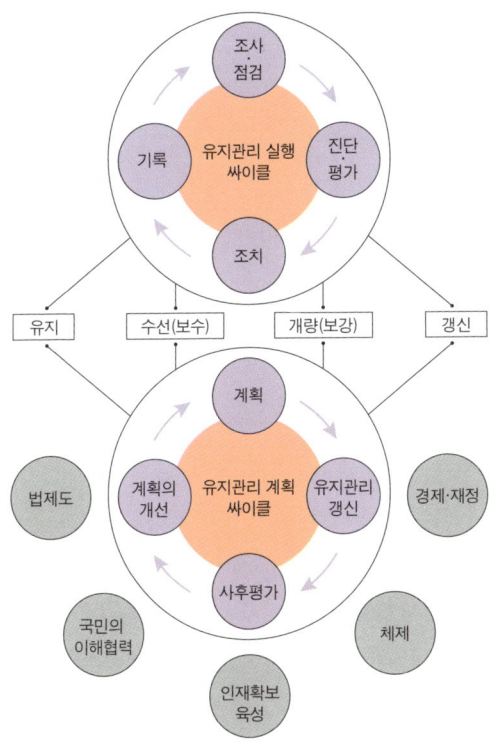

〈그림 1-4〉 기반시설 유지관리 사이클

출처: 사회인프라 메인터넌스학(2019)

실행 사이클이 배치되어 있고, 하부에는 조치를 실현하는 계획 사이클이 자리 잡고 있다.

실행 사이클은 점검·조사에 의한 정보 수집, 진단·평가, 조치, 기록 등으로 구성된다. 점검에 의해 현장 상황을 파악하고 과

거 이력과 설계도서 등의 자료를 조사해서 현재수준을 평가하기 위한 데이터를 수집한다. 특히 점검은 기반시설의 상태에 관한 데이터를 수집한다는 점에서 중요하고, 내하력 등과 같이 계측이 어려운 성능이나 기능에 대한 관련 자료 수집의 중요성도 높다. 점검을 통해 단순히 손상이나 변형을 찾아내는 것도 중요하지만, 대상 전체시설의 성능을 통찰해 취약하거나 약한 부분을 발견해 내고 잠재적인 위험성을 가능한 한 많이 도출하는 것이 바람직하다.

　점검·조사로 얻어진 데이터를 근거로 하여 구조물의 상태를 진단하게 된다. 이때 수집된 데이터와 진단 프로세스에도 불확실성이 포함되어 있으므로, 리스크를 고려한 여유도를 분석하는 방식을 통한 공학적 평가를 실시한다. 이 평가를 근거로 하여 조치가 검토되고 시행된다. 앞에서 언급한 일련의 프로세스로 통해 얻어진 데이터와 판단은 기초자료로 기록된다. 이러한 기록은 과거의 조치나 점검이력을 평가하는 일을 포함하고 있어 개선의 기회를 제공한다. 즉 점검·조사 정보의 데이터베이스화와 공유를 통해 유지관리의 효율을 높이고, 보다 광범위한 개선에 기여할 것이다. 이른바 '데이터 기반 시설자산관리 사이클' 중 가장 중요한 부분이다.

　계획 사이클은 계획, 유지관리·갱신의 실시, 평가, 개선 등으로 구성된다. 이것은 상황의 변화나 불확실성이 조치와 평가를 통해 지속적으로 계획에 피드백되어 개선되는 체계이다. 실제 유지관리에서는 대책을 시행하는 경우가 많은데, 이를 사후보전 corrective maintenance이라고 부른다. 이에 반해 예방적으로 대책을 이행하는 것이 예방보전preventive maintenance이다. 생애주기비용의 저감이라는 관점에서는 사후보전보다 예방보전이 유리하다.

공학적 측면에서의 설계·시공·유지관리[6]

기반시설의 생애주기는 설계·시공·유지관리의 프로세스로 구성된다. 설계·시공은 경험이나 실험연구 성과를 최대한 활용하여 기반시설의 사용기간에 일어날 수 있는 리스크를 사전에 상정하여 필요한 품질을 확보한다. 이것의 본질은 이상화된 조건하에서의 의사결정이다. 이에 반해 유지관리는 물리적인 기반시설에 열화나 손상 상태를 조사하여 원인을 밝히는 것이 본질이다. 이렇게 습득된 노하우를 설계에 피드백하고, 그렇게 해서 신설되는 기반시설은 해당 문제를 해결한 형태로 공급된다. 유지관리는 설계·시공의 결과로 평가되고, 설계·시공의 '개선' 프로세스인 셈이다. 따라서 기반시설의 설계·시공·유지관리는 상호연계되어 의존적이다. 결국 '먼저 숲을 보고 나무를 보라'는 말처럼 기반시설의 생애주기 관점에서 특정업무를 파악하는 것이 중요하다.

---

6   社会インフラ メンテナンス学, 橋本 鋼太郎(編集), 日本土木学会, 2019, pp. 51-52

기반시설과 관리

1.3
기반시설 유지관리의 미래 모습

미래의 기반시설 유지관리 특징

미래의 기반시설 유지관리는 어떤 모습으로 우리에게 다가올 것인가? 이에 대해 전문가는 다양한 예측을 주장하고 있으나, 다음과 같은 두 가지에는 전문가의 의견이 일치한다. 첫째, 우리가 사용하고 있는 기반시설의 노후화 문제가 더욱 심각해져 유지관리 비용의 규모는 지속적으로 증가할 것이다. 이로 인해 우리는 제한된 예산으로 경제적이고 합리적으로 사업을 선택하여 투자해야 한다. 둘째는 본격적인 4차산업혁명시대의 도래에 따른 첨단기술과 융합한 기술혁신으로 기반시설 유지관리의 디지털화와 자동화·지능화가 이뤄질 것이다. 이러한 관점에서 기반시설의 자산관리와 유지관리의 기술혁신에 대한 현황과 미래 모습이 아래에서 논의된다.

자산관리의 본격적인 도입

해외에서는 기반시설의 건설연도가 빠른 선진국을 중심으로 자산관리 방안이 마련되어 왔다. 미국·호주·영국 등은 1990년대 후반부터 기반시설관리에 필요한 예산 부족 문제가 심각해지면서 기반시설의 유지관리에 자산의 가치평가와 장기적인 재정 확보를 주요 내용으로 하는 '자산관리Asset Management'의 개념을 적용하기 시작하였다. 미국에서는 1999년 연방도로청이 기반시설의 자산관리에 대한 개념과 방안을 제시하였고, 호주에서는 2002년

토목공학연구소IPWEA가 자산관리의 내용이 포함된 기반시설 관리 지침서인 International Infrastructure Management Manual(이하 IIMM)을 발간하였다. 영국에서는 2004년 영국 민간의 자산관리협회IAM가 주도하고, 정부 기관인 영국표준협회BSI가 협력하여 공공사업에 활용하기 위한 자산관리 지침서로 PAS 55Publicity Available Specification 55를 발표하였다.

이중 IIMM은 호주와 뉴질랜드가 주축이 되고 영국 등 여러 국가의 협력으로 개발되었으며, 이들 국가를 중심으로 기반시설 관리 분야의 글로벌 지침서로 활용되어 왔다. 기반시설관리에 자산관리의 개념을 적용하기 시작한 이후 20여 년간 상세한 가이드라인이 마련되었고, 시설별로 자산관리 운영의 모범사례가 쌓이게 되었다. 이러한 경험은 ISO 55000 시리즈라는 국제 기준의 바탕이 되었다. 국제표준기구 ISO는 영국의 PAS 55를 기초문서로 하여 국제 자산관리 기준서인 ISO 55000 시리즈를 작성하였다. 현재 IIMM과 ISO 55000 시리즈는 글로벌 지침서로서 여러 시설 분야에서 활용되며 유용성을 입증하고 있다.

우리나라는 2020년부터 「지속가능한 기반시설 관리 기본법」(이하 「기반시설관리법」)을 시행하였다. 이는 그동안 공학적 측면을 다뤄왔던 유지관리 방안에 자산관리의 개념을 제도적으로 도입하였다는 데 의의가 있다.

유지관리의 기술혁신

그동안 기반시설의 유지관리는 인력 중심의 단순 작업으로 수행되어 왔다. 시설의 점검·진단은 전문가의 주관이 포함될 수 있는 육안검사로 진행되며, 점검 결과는 수기로 작성되고, 표준화되지 않은 형태로 비전문가의 전산 작업을 통해 축적된다. 인력 중심의 점검·진단은 측정 정확도에 한계가 있으며, 또 체계적인 분석과 예측을 진행하기도 어렵다. 하지만 앞으로는 첨단기술이 접목되어 유지관리의 디지털화와 자동화·지능화가 이뤄질 것으로 기대된다.

이러한 배경에서 국토교통부가 2018년 발표한 '스마트 건설기술 로드맵'에서는 드론, 로봇, 3D 프린팅, 센서, 빅데이터, 디지털 트윈, 가상 증강현실, 사물인터넷, BIM과 같은 첨단기술과 건설산업의 접목을 예상하였다. 여기에는 시설의 유지관리 분야도 포함된다. '스마트 건설기술 로드맵'은 2030년의 유지관리 분야 기술로 IoT 센서를 활용한 실시간 모니터링, 로봇을 사용한 자동 점검·진단, 그리고 시설 정보의 빅데이터화와 AI를 통해 최적의 관리를 하는 기술 등을 제시하였다.

기반시설의 유지관리 업무는 시설의 진단·점검 업무, 수집된 데이터를 분석하고 예측하는 업무, 그리고 시설의 보수·보강 및 성능개선을 수행하는 업무로 구분할 수 있다. 첨단기술은 이 세 가지 분야에서 이미 적용되고 있다.

권4. 지속가능한 기반시설 유지관리

2.1 미국
2.2 일본
2.3 영국
2.4 시사점

해외의 노후 인프라 관리 사례와 시사점

〈미국 쇠망론〉의 저자는 미국의 경제성장을 촉진하는 중요한 요인으로 "미국의 인프라를 구축하고 지속적으로 현대화하는 것이다"라고 주장하였다. 책은 미국 토목학회 기반시설평가보고서의 등급(D 등급)을 인용해 미국의 노후 인프라가 안고 있는 심각성을 강조하였다. 수십 년에 걸친 예산 부족과 무관심으로 위험에 처해 있을 뿐만 아니라 현재와 미래의 수요에 부응하지 못하고 있다는 미국 토목학회 전문가의 인터뷰 내용이 책에 실렸다. 기반시설을 우리보다 먼저 건설하고 사용하고 있는 미국·일본·영국 등 선진국가도 기반시설의 관리에 심각한 문제점을 안고 있으며, 이를 해결하려는 노력을 경주하고 있다. 본 장에서는 미국·일본·영국 등 3개 나라의 노후 인프라 관리 사례를 살펴보고 시사점을 정리한다.[7]

---

[7] 본장의 내용은 저자의 글(노후 인프라의 실태와 지속가능한 관리 방안, 이영환, 2030 건설산업의 미래[pp. 226-233], 한국건설산업연구원, 2020.5)을 기반으로 하여 작성함.

2.1
미국

미국의 주요 부문별 인프라는 노후화가 심각한 상황이다. 미국 토목학회ASCE는 약 4년 주기로 발행하는 미국 인프라 평가보고서Report Card for America Infrastructure를 통해 노후화의 등급과 소요 예산을 발표하면서, 노후 인프라 관리의 필요성을 지난 30년간 주장하였다. 미국의 인프라는 D와 D+ 등급으로 평가되었고, 최근에 발표된 보고서는 C+로 가장 높은 등급을 부여하였다.

열악한 도로와 교량 - 안전 위협 및 국민 부담 가중

미국 도로시설의 상태와 현황을 살펴보면, 미국 노후 인프라의 심각성을 인지할 수 있다. 미국의 주(洲) 고속도로의 20%, 도심 지역 도로의 32%, 교외 지역 도로의 14%는 노면 상태가 열악한 수준이다. 지속적인 교통량 증가로 인해 도로 상태는 더욱 악화되고 있다. 하지만 도로 유지보수에 대한 투자는 부족한 실정이다. 미국에서 교통체증으로 인해 낭비되는 비용은 연간 1,600억 달러(약 186조 4,000억 원)로 집계되었으며(2014년 기준), 미국 운전자는 노후화된 도로로 인해 연간 1,300억 달러를 차량 수리와 운영에 추가적으로 지불하고 있다. 미국에는 약 61만 7,000개의 교량이 있다. 이 중 42%는 50년을 경과한 교량이고, 구조적인 결함을 가진 교량도 7.5%에 달한다. 최근 들어 연방정부와 주정부가 교량 유지관리에 투자를 집중하고 있으나, 교량의 상태 등급을 개선(현재 상태 C등급을 B등급으로)하기 위한 연간 필요 예산은 오히려 58%나 증가(1,440억 달러 → 2,270억 달러)할 것으로 보고되었다.

구분	1998	2001	2003*	2005	2009	2013	2017	2021
공항	B-	D	↔	D+	D	D	D	D+
댐	-	D	↓	D	C	D	D	D
상수도	B-	D	↓	D-	D-	D	D	C-
하수도	C	D	↓	-	D-	D	D+	D-
에너지	-	D+	↓	D	D+	D-	D+	D+
유해폐기물	D	D+	↔	D	D	D	D+	D+
고형폐기물	C-	C-	C+	C+	C+	B-	C+	C-
수로	B(수자원)	D+	↓	D-	D-	D-	D	D+
제방	-	-	-	-	D-	D-	D	D
공원	-	-	-	C-	C-	C-	D+	D+
철도	-	-	-	C-	C-	C+	B	B
도로	C+	D+	↓	-	D-	D	D	D
교량	-	C	↔	C	C	C+	C+	C
학교	-	D-	↔	-	D	D	D+	D+
운송	C-	C-	↓	-	D	D	D-	D+
항만	-	-	-	-	-	-	C+	B-
우수	-	-	-	-	-	-	-	D
전체등급	-	D+	-	D	D	D+	D+	C-

〈표 2-1〉 미국 인프라 평가보고서 등급 추이(1998~2021)
자료: 미국토목학회 발행 Report Card 각 연호.

실패 만회를 위한 최근 정책과 투자

미국 정부는 인프라 관리 정책의 실패를 만회하기 위해 〈표 2-2〉와 같이 20년 가까이 다양한 정책을 수립하여 운영하고 있다. 2014년에 미국 연방정부는 재정만으로는 노후 인프라 개선 재원을 마련하는 것이 어렵다고 판단하고, PPP Public Private Partnership를 활용한 민간자본 유치를 골자로 하는 'Build America Investment Initiative'를 발표하였다. 최근 들어 미국 연방정부와 주정부는 TIFIA Transportation Infrastructure Finance and Innovation Act, PAB Private Activity Bonds, INFRA Infrastructure For Rebuilding America, 전 FAST 등의 연방보조금 Federal Grants 제도를 민간자본을 유치하는 마중물로 삼아 PPP 방식을 활성화하는 방안을 다듬고 있다.

정책명	연도	행정부	예산 규모 (억 달러)	내용
SAFETEA	2005	조지 부시	2,400	5년간(~2009년)
TIGER	2009	오바마	15,000	2017년까지 프로젝트 지원, 2018년부터 BUILD로 개명.
MAP-21	2012	오바마	1,050	당초 3년간(2012~2014), 기간을 연장하여 2016년까지 예산 투입.
FAST	2015	오바마	3,050	5년간(2016~2020)의 육상교통시설 성능개선투자계획.
INFRA	2018	트럼프	15	FAST를 개선한 연방정부보조금(grant) 프로그램, 지원대상은 고속도로와 교량으로 한정함.
INVEST	2021	바이든	7,150	5년간, 육상교통 및 수자원시설에 투자. *초당적 합의(2021. 6. 24.)로 이뤄진 '8년간 1조 2,000억 달러 규모의 인프라 투자계획'과의 연계성은 현재 불분명함.

〈표 2-2〉 미국 주요 교통 인프라 투자 정책(2005~2021)

바이든 행정부의 1조 2,000억 달러 인프라 투자 정책

바이든 행정부는 2021년 6월 24일 1조 2,000억 달러(약 1,398조 원) 규모의 인프라 투자계획을 초당적으로 합의하였다고 발표하였다. 합의된 인프라 투자(안)은 5,790억 달러의 신규예산 투입을 포함해 5년간 9,730억 달러이고, 8년간 1조 2,000억 달러에 달한다. 주요 부문별 투자 규모는 교량 1,090억 달러, 철도 490억 달러, 대중교통 490억 달러, 전기차 도로 인프라 75억 달러, 광대역 통신망 650억 달러, 발전·송배전 730억 달러 등이다. 이는 바이든 대통령의 대선공약 투자계획과 비교해 절반 수준이다. 하지만 2021년 7월 미의회에서 통과된 미국투자법INVEST in America Act 내 투자내용과의 연계 여부가 불투명해 구체화되는 과정을 지켜봐야 할 것 같다.

인프라 투자 재원조달에 대한 전문가 제언

미국 토목학회 전문가들은 보고서를 통해 이러한 재정 부족을 타개하기 위해서는 중앙정부·주정부·지방정부 등 모든 정부는 요금을 세입원으로 하는 특별회계 계정을 신설하고, 이를 종잣돈으로 하는 '인프라 신탁기금Trust Funds'을 설치해야 한다고 조언한다. 또한 갤런당 최소 25센트를 인상하는 연방 유류세federal motor fuel tax 법안을 개정해 '고속도로 신탁기금highway trust fund'을 확충해야 한다고 주장한다. 아울러 사업의 우선순위를 고려한 인프라 개량 프로그램을 수립하고 운영해야 하는 것이 안정적인 재원조달 방안이라 밝히고 있다. 특히 시설물 관리 주체와 사용자인 국민은 인프라의 지속가능한 사용·유지관리·개량에 소요되는 필수 비용을 인식하고, 이를 부담해야 한다는 의식 전환이 필수적이라고 강조한다.

2.2 일본

인프라의 장수명화 개념 도입 및 적용

일본의 인프라는 1964년 도쿄올림픽을 개최한 이후인 1970년대에 집중적으로 건설되어 재령(材齡) 50년이 되는 노후 시설물이 급증하고 있다. 그러던 중 2012년 야마나시현 사사고터널에서 천장이 붕괴되어 인명사고가 발생하면서, 노후 인프라 시설물의 안전성 제고에 대한 관심이 높아졌다. 일본 정부는 앞서 2011년 동일본 대지진으로 고조된 사전 방재(防災) 및 감재(減災)를 위한 대책으로「국토 강인화(國土强忍化) 기본법」을 2013년에 제정하였다. '국토 강인화 기본계획'은 동법 제10조에 근거해 국토 강인화에 관한 국가의 기타 계획 등의 지침이 되는 포괄적인 계획이다. 즉 지자체가 개별적으로 관리해 왔던 공공시설물의 안전 제고와 성능개선 등을 위한 유지관리 업무 지침을 국가 차원에서 제공한다는 것이다.

'인프라 장수명화 기본계획'은 인프라의 신규 건설부터 철거까지의 생애주기Life-cycle 연장을 위한 대책이라는 협의(狹義)의 장수명화에 그치지 않고 갱신(개량)을 포함하여 장래에 필요한 인프라 기능을 계속적으로 발휘하기 위한 시스템을 구축하고 실행하자는 것이다. 장수명화 전략은 점검 및 진단에 새로이 개발한 로봇이나 센서 기술을 이용해 점검의 정밀도를 높이고 인프라 유지관리 산업을 창출하고 확대하는 것을 지향한다. 중앙정부가 기본계획을 수립하고, 산하 기관과 지자체는 중장기적인 소요

예산을 표시한 행동계획Action Plan을 2016년까지 작성하였고, 개별 대상 시설별 행동계획은 2020년까지 완료하였다[8]. 이를 통해 2030년에는 노후화에 의한 중대사고 발생을 제로zero로 하는 것이 목표이다.

이러한 목표를 달성하기 위한 전략 과제로 2020년까지 중요 노후 인프라의 20%에 센서, 로봇, 비파괴 검사 기술 등의 활용을 통한 인프라 점검·보수의 고도화를 이룬 데 이어 2030년에는 모든 노후 인프라로 확대하는 것을 제안하였다. 이러한 국내 실적을 바탕으로 2030년에 세계 인프라 점검·보수 시장의 30%를 수주하는 것이 전략 목표로 설정되었다.

사회자본정비중점계획 수립·운영을 통한 성능개선

일본 정부는 기존의 9개 사업 분야(도로, 공항, 항만, 하수도, 치수 등)의 SOC 시설물 투자계획을 통합한 '사회자본정비중점계획'을 수립하여 운영하고 있다. 5개년 단위의 이 계획은 해당 사업의 정량화된 정책적 목표 설정, 그리고 설정된 목표를 달성하기 위한 효율적인 사업추진 방안 제시 등을 기존 계획과의 차별성으로 내세우고 있다. 인프라 노후화에 따라 급증하는 정비 소요 예산(일상적 유지관리 비용 이외에 성능개선 등의 개량 비용 포함)의 평탄화(平坦化), 기상이변 등의 자연재해로부터 인프라의 복원력 증가 등 지속가능한 인프라 관리를 보장하는 수단으

---

[8] 일본 정부는 인프라장수명화계획(행동계획)의 2단계(2021~2025)를 수립하여 추진중

로의 활용이 '사회자본정비중점계획' 도입의 기대효과라고 할 수 있다.

2013년에 '국가 강인화 기본계획'과 '인프라 장수명화 기본계획'을 수립하고 내수 활성화를 위한 경기부양책(이른바 '아베노믹스')을 마련하였던 일본 정부는 기존의 '제3차 사회자본정비중점계획(2012~2016)'에 이러한 정책 환경 변화를 반영하여 2015년도에 '제4차 사회자본정비중점계획(2015~2020)'을 수립하였다. 이러한 정책 변화는 예산 부족으로 법에서 규정한 5년 주기의 점검 및 보수를 제대로 시행할 수 없던 지자체로 하여금 2014년 이후 중앙정부 보조금을 지원받아 인프라 시설물의 점검 및 보수를 본격적으로 시행할 수 있도록 해 주었다.

사사고터널 붕괴 사고 이후 먼발치의 육안검사에서 근접검사 및 비파괴검사 등으로 정기점검 요령을 강화하면서 중앙정부가 조사 진단에 소요되는 비용의 55%를 지자체에 지원하고 있다. 지자체에 대한 중앙정부의 재정 지원도 55% 비율을 지키고 있다.

기상이변 현상에 대비한 종합 치수대책 사례(도시 홍수 방지)

일본 정부는 기상이변에 대해 하천대책·유역대책·피해경감대책(경보 피난시스템 등)으로 구성된 종합적인 치수 대책을 수립하였다. 하천대책은 노후화된 제방 및 호안을 정비하고, 댐·유수지·방수로 등의 시설물에 대한 정비 및 신설 등을 실시한다. 유역 대책은 홍수 조절지 및 저류시설의 정비, 투수성 높은 포장의 확대, 우수 저장 시설의 정비 및 신설 등을 실행한다.

이와 관련, 일본 국토교통성은 저습지대 하천의 범람으로 침수 피해가 빈발하는 나카가와·아야세가와 유역의 침수 피해를 저감하는 수도권 외곽 방수로를 건설하였다. 지하 50m에 총길이 6.3km의 터널(내경 10.6m)을 건설하는 이 사업은 2002년 6월에 3.3km를 부분적으로 개통하고, 2006년 6월에 나머지 3km를 완공[사업비는 2,400억 엔(약 2조 2,000억 원)]하였다. 수도권 외곽 방수로는 2002년의 부분 개통부터 2017년 3월까지 105회의 홍수(수량으로는 약 1조 9,500만㎥)를 조절하였다. 2013년 10월 태풍에 의한 집중호우로 유입된 홍수 유량을 방수로로 유입·처리하였는데, 이때 방수로 건설 및 운영을 통해 약 80%의 가옥 침수 피해[약 1,000호(시뮬레이션, 건설 전) → 약 170호(실적, 건설 후)]가 경감되는 효과가 있었다고 추정하였다.

또 다른 사례는 도쿄 지역을 관통하는 7호선 도로를 따라 지하 약 50m에 직경 12.5m의 저수 터널을 건설하여 도쿄도의 도시 홍수 수량을 조절하고 있는 것이다. 총 4.5km의 지하 조절지는 제1기(2.0km, 24만㎥)가 1997년 4월에 준공되었고, 제2기(2.5km, 30만㎥)는 2005년 9월에 운영을 시작하였다. 1997년부터 2013년 10월까지 총 34회의 홍수 조절이 이루어져 약 5,304억 엔의 피해 예방 효과(지하 조절지 1회 가동 시 최대 156억 엔의 홍수 피해액 절감)가 발현됨으로써 투자 사업비(1,015억 엔)를 훨씬 초과한 효과를 거뒀다는 분석이 있다.

해외의 노후 인프라 관리 사례와 시사점

2.3 영국

인프라 관리 및 투자의 정부 거버넌스 확립

영국 토목학회Institute of Civil Engineers는 전국 단위의 영국 인프라 평가보고서를 2003년부터 2014년까지 7편을 발행하였고 권역별(잉글랜드 동부, 북아일랜드 등)로 발행된 것을 포함하면 거의 매년 보고서가 발간된 셈이다.

영국 토목학회의 노력에 힘입어 인프라 관리와 투자를 총괄하는 정부 기관이 설립되었다. 2015년까지 영국의 인프라 조달 계획 및 투자전략 수립은 재무부 산하의 Infrastructure UK[IUK]가 총괄하였다. IUK는 2009년부터 ①인프라 개발 및 발전 전략 수립, ②주요 인프라 프로젝트 및 프로그램 재정조달 방법 개발, ③민간의 인프라 투자 유도 등의 업무를 수행하였다. IUK는 2010년부터 매년 인프라 현황 진단을 통해 국가 인프라 계획(National Infrastructure Plan, NIP)을 수립하여 도로·철도·에너지 등 분야의 우선투자 사업을 선정하고, 그 추진 과정을 모니터링하였다.

2015년과 2016년에 영국 정부는 인프라 총괄 조직 체계를 정비하여 Infrastructure and Project Authority[IPA]와 National Infrastructure Commission[NIC]을 발족시켰다. IPA는 기존의 인프라 총괄 수행기관인 IUK와 국무조정실 산하 Major Projects Authority를 통합하여 영국 인프라 관리의 컨트롤 타워 기능을 강화하였다고 평가한다. 이에 반해 NIC는 미래 인프라 수요 파악을 통한 인프라의 독립적인 분석과 장기적 전략을 수립하는 기능

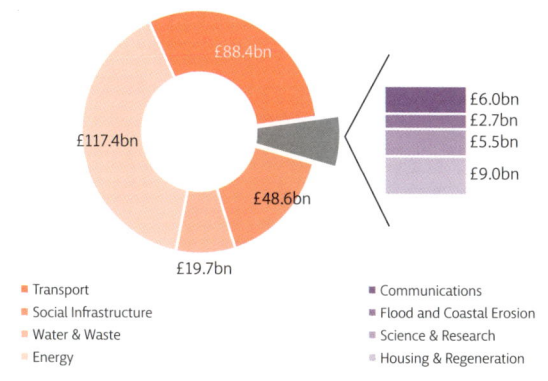

〈그림 2-1〉 2016년부터 2021년까지 영국 부문별 인프라 투자
자료: Infrastructure and Projects Authority(2016), 'National Infrastructure Delivery Plan 2016-2021'

을 부여하였다.

영국은 글로벌 금융위기를 극복하고 인프라를 개선하기 위해 2010년부터 국가 인프라 투자계획(NIP: National Infrastructure Plan)을 수립하여 앞으로 진행될 인프라 관련 사업과 투자 방향성에 대한 정보를 제공하였다. NIP 2010에서는 향후 5년간 약 2,000억 파운드(약 320조 8,720억 원)의 부 인프라 투자계획을 발표하였다. 이에 따라 2005년부터 2010년까지 연평균 420억 파운드였던 정부 지출은 2010년부터 2015년까지 연평균 490억 파운드로 약 17% 증가하였다.

2016년에는 기존의 NIP를 발전시켜 〈2-1〉과 같이

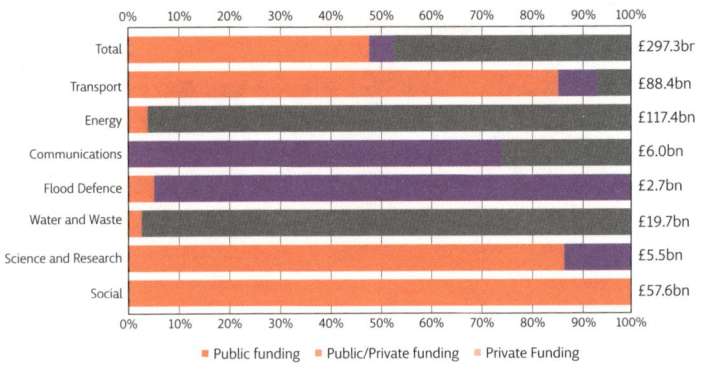

〈그림 2-2〉 2016년부터 2021년까지 영국 부문별 인프라 투자
자료: Infrastructure and Projects Authority(2016), 'National Infrastructure Delivery Plan 2016-2021'

NIDP National Infrastructure Delivery Plan 2016을 발표하였다. 이를 통해 경제 발전과 일자리 창출, 생산성 증대와 효율성 제고, 국가 경쟁력 향상을 목표로 향후 5년간 1,000억 파운드 이상의 정부 지출과 더불어 600개 이상의 인프라 사업에 4,830억 파운드를 투자하기로 계획하였다. NIDP 2016은 처음으로 학교·병원·교도소와 같은 사회 인프라와 더불어 대규모 주택 재건 관련 사업도 포함하였으며, 이와 관련하여 약 1,000억 파운드의 정부 지출을 계획하였다. 2016년부터 5년간 인프라 투자를 부문별로 살펴보면, 에너지 부문에 대한 투자(1,174억 파운드)가 가장 높은 비중을 차지하고 교통(884억 파운드), 사회 인프라(486억 파운드), 수자원

(197억 파운드) 부문이 그 뒤를 이었다.

인프라 관련 사업의 자금조달 관련 프로그램으로 'National Infrastructure Pipeline'이 있으며, 이를 통해 공공자본뿐만 아니라 민간자본의 조달을 활성화한다. 공공 부문과 민간 부문의 자본을 통틀어 2021년까지의 약 2,970억 파운드의 투자금액을 포함하여 총 4,830억 파운드의 투자(이 중 약 576억 파운드는 사회 인프라에 투자)가 〈그림 2-2〉와 같이 계획되었다.

2.4 시사점

미국·일본·영국 등 선진국들의 인프라 관리 실태와 현안 분석은 다음과 같은 시사점을 주고 있다.

첫째, 인프라 관리에 대한 정부 내 거버넌스Governance 확립, 즉 컨트롤 타워 기능을 수행하는 조직을 발족하고 이를 제도화하는 것이 필요하다. 미국 등 선진국에서는 컨트롤 타워 조직이 재원조달 방식과 규모, 투자 우선순위 등을 조정하고 결정한다. 인프라에 대한 전략적 투자로 자원 배분의 효율화를 달성하고 있는 것이다.

둘째, 선진국은 인프라의 실태를 분석한 보고서를 주기적으로 발행하여 국민과의 소통 수단으로 이를 활용하고 있다. 또한 중앙정부와 지방정부(지자체)와의 대화 채널로도 활용되고 있다.

셋째, 중앙정부는 지방정부(지자체)의 노후 인프라에 대한 보조금 지원 등과 같은 재정 지원 방안을 수립하는 이른바 '확장적 재정 투자' 정책을 마련하고 있다. 이러한 중앙정부의 지원 정책이 다양한 민간자본 활용을 위한 '마중물'로 작동될 수 있는 제도 완비에 박차를 가하고 있다.

넷째, 인프라의 장수명화를 목표로 하는 성능평가 기반의 자산관리 체계를 구축하고, 이를 제한된 재원을 전략적으로 분배하는 방법론으로 활용하고 있다.

다섯째, 선진국은 전 세계적인 저성장 기조를 타개하는 이른바 '新뉴딜정책'으로 인프라 투자 정책을 채택하고, 이를 일자리 창출과 내수 활성화에 적극 활용하고 있다.

여섯째, 일본은 아베 내각 출범 이후 '일본 재흥 전략-국토 강인화 기본계획-인프라 장수명화 기본계획' 등의 국가 전략(4차 산업혁명 시대 대비)과 연계한 인프라 관리 정책을 마련해 추진하였다. 일본은 자국 내 실적을 바탕으로 인프라 유지관리 산업의 육성과 세계 인프라 건설·운영 시장에서의 경쟁력을 확보하려는 인프라 전략을 국가전략과 연계하고 있다.

권4. 지속가능한 기반시설 유지관리

3.1 미국 Report Card for America Infrastructure
3.2 캐나다 Canadian Infrastructure Report Card
3.3 영국 The State of the Nation
3.4 일본 인프라 건강진단보고서

기반시설 평가 보고서

기반시설 평가보고서는 국가 또는 특정 지역의 기반시설에 대한 종합적인 평가와 제안을 담은 보고서라고 정의할 수 있다. 보고서의 주요 목표는 현재 기반시설의 상태와 재정조달 상황 등에 대한 정보를 국민과 정책결정권자에게 제공하여 공공의 관심을 이끌어 내는 것으로, 이를 통해 기반시설의 효율적인 관리가 이루어지도록 한다.

최초의 기반시설 평가보고서는 미국이 1988년에 발행하였다. 당시 코네티컷주 그리니치시 미아누스강Mianus River 교량 붕괴(〈그림 3-1〉), 뉴욕시의 급수관 파손이나 지하철 붕괴 사고 등과 같은 기반시설 사고가 빈번해지면서 기반시설 안전 문제는 국민과 미디어의 주요 관심사였다. 기반시설에 대한 지출을 늘릴 것을 요구하는 여론에 직면한 미국 연방정부는 1987년에 국가인프라개선위원회를 신설하였다. 국가인프라개선위원회는 8개 시설군에 대한 시설물의 물리적 상태와 재정조달 상태를 평가하는 보고서를 작성해서 1988년에 미연방의회와 대통령에게 제출하였다.

이후 미국 토목학회America Society of Civil Engineers, ASCE가 최초의 기반시설 평가보고서를 이어받아 1998년부터 미국 기반시설 평가보고서 Report Card for America Infrastructure를 주기적으로 발행해 오고 있다. 영국과 영연방국가인 호주·캐나다·남아프리카공화국도 자국의 기반시설 평가보고서를 수년마다 발행하고 있다. 일본은 최근 들어 '건강진단보고서'라는 이름으로 기반시설 평가보고서를 발간하였다.

이 장에서는 기반시설 평가보고서의 발행 실적과 파급 영향력을 고려해 미국·캐나다·영국·일본 등 4개국으로 한정해 각국의 기반시설 평가보고서를 설명한다.

〈그림 3-1〉 미국 코네티컷 미아누스강 교량 붕괴

출처 : https://engineers-channel.blogspot.com/p/mianus-river-bridge-disaster.html

기반시설 평가 보고서

3.1
미국
**Report Card for
America Infrastructure**

국가인프라개선위원회(National Council on Public Works Improvement, 이하 'NCPWI')는 1988년 최초의 기반시설 평가보고서(Fragile Foundations: A Report on America's Public Works, Final Report to the President and Congress)를 발간하였다. 보고서는 시설물군을 8개 분야[①도로, ②운송, ③공항, ④수자원, ⑤상수도, ⑥하수도, ⑦고형solid 폐기물, ⑧유해 폐기물]로 구분하고, 시설물군별로 현재 시설물의 물리적 상태와 재정조달 상태에 대한 평가 내용을 담았다. 평가 등급은 A(Exceptional, 매우 우수), B(Good, 우수), C(Mediocre, 보통), D(Poor, 불량), E(Failing, 결격) 등 다섯 등급으로 나눴다. 정성적인 평가로 등급을 산정하였으나 개별 등급에 대한 정의는 보고서에 제시되지 않았다. 최초 보고서는 미국 전역(全域) 기반시설의 종합 등급을 'C'로 평가하면서 노후화되지 않는 상태('not in ruin')라고 결론을 냈다. 하지만 미래의 지속적인 경제 발전을 위해서는 적합한 상황이 아니라고 평가하고, 이에 대한 개선방안을 보고서에서 제시하였다.

미국 토목학회는 미국 기반시설 평가보고서Report Card for America Infrastructure를 1998년부터 주기적으로 발행해 오고 있다. 2005년까지는 2~3년의 주기로 발표하였으나, 2009년부터는 4년마다 보고서를 발행하고 있다. 대상시설군의 숫자는 1988년 9개에서, 발행할 때마다 확대되어 2021년에는 17개의 시설군으로 늘어났다. 미국 기반시설 평가보고서는 보고서 발행 목적이 국민에게 미국의 기반시설 현황에 대한 정확한 정보를 알리기 위한 것이지 정부나 기반시설 관리주체를 비판하기 위한 것이 아님을 강조하고 있다.

평가 조직 및 절차

미국 토목학회는 연방 단위의 기반시설을 평가할 때 학회 본회 단위의 기반시설평가위원회The ASCE Committee on America's Infrastructure를 구성한다. 위원회는 전문가로 구성되고, 기반시설 평가 프로세스에 대한 자문에 응대하는 것을 비롯해 대정부 관련 업무와 국민 홍보 등도 지원한다. 개별 위원은 자발적인 봉사자로 기반시설 평가보고서 작성 작업에 참여한다. 또한 위원회는 모든 관련 데이터와 보고서를 평가하고 산업 전문가와의 협의를 통해 시설군별 등급을 평가한다.

주정부state 혹은 기초지자체local 단위의 기반시설 평가보고서 발행도 활성화되어 있다. 미국토목학회 각 지회가 주축이 되어 지역 기반시설평가위원회Local Report Card Committee를 구성한다. 미국 토목학회 본회는 연방 단위의 보고서에 적용되었던 방법론을 가이드라인으로 제공한다. 지역 위원회는 가이드라인을 기준으로 데이터를 수집하지만, 관련 데이터 입수가 불가능할 경우에는 설문조사를 활용한다. 작성된 지역 기반시설 평가보고서는 독립적으로 구성된 자문단Advisory Panel에 의해 검토된 후 미국 토목학회 본회에 제출된다. 본회는 지역 기반시설 평가보고서의 내용을 검토하여 확정한다. 이러한 과정에서의 핵심은 평가위원회의 전문가적 판단이다.

평가대상 시설군

미국 기반시설 평가대상 시설군은 1998년 국가인프라개선위원회의 보고서에서는 9개 군이었다. 그러다가 〈표 3-1〉에서 보듯이 발행이 진행되면서 지속적으로 시설군이 추가되어 2021년에는 17개가 되었다. 2000년에 들어와서 에너지·수로·제방·공원 등이 새롭게 평가되었고, 2010년 이후에는 항만시설과 우수시설이 대상 시설군으로 추가되었다. 주정부 혹은 기초지자체가 발행하는 기반시설 평가보고서의 대상 시설군은 해당 지역의 특성에 따라 차이가 있다.

평가기준

미국 토목학회는 8개의 평가기준 항목을 평가요소로 정의한다. ①물리적 상태(Condition: 현재 및 가까운 미래에 예측되는 물리적인 상태)뿐만 아니라 ②용량(Capacity: 수요 만족도), ③예산(Funding: 예산 확보의 적절성), ④미래 재정 전망(Future Need: 미래 수요를 감당하는 비용의 조달 가능성), ⑤운영관리(Operation & Maintenance: 운영 및 유지관리를 적정하게 수행하

시설군	1988	1998	2001	2005	2009	2013	2017	2021
공항(Aviation)	○	○	○	○	○	○	○	○
댐(Dams)	-	○	○	○	○	○	○	○
상수도 (Drinking Water)	○	○	○	○	○	○	○	○
하수도 (Wastewater)	○	○	○	○	○	○	○	○
에너지(Energy)	-	-	○	○	○	○	○	○
유해폐기물 (Hazardous Waste)	○	○	○	○	○	○	○	○
고형폐기물 (Solid Waste)	○	○	○	○	○	○	○	○
수로(Inland Waterways)	○	-	○	○	○	○	○	○
제방(Levees)	-	-	-	-	○	○	○	○
공원(Public Park and Recreation)	-	-	-	○	○	○	○	○
철도(Rail)	-	-	-	○	○	○	○	○
도로(Roads)	○	○	○	○	○	○	○	○
교량(Bridges)	-	○	○	○	○	○	○	○
학교(Schools)	○	○	○	○	○	○	○	○
운송(Transit)	○	○	○	○	○	○	○	○
항만(Port)	-	-	-	-	-	○	○	○
우수(Stormwater)	-	-	-	-	-	-	-	○

〈표 3-1〉 미국 대상 시설군 추이

는 능력 보유 여부), ⑥공공안전(Public Safety: 공공의 안전에 대한 위협 수준과 사고 발생의 심각성 수준), ⑦회복력(Resilience: 발생 가능한 위해에 대한 예방 능력과 발생하였을 경우의 원래 기능 회복 능력 수준), ⑧혁신성(기반시설의 개선을 위해 기술, 자재, 제도 등의 부문에서 적용되는 혁신) 등이다. 이는 사용자인 국민의 입장에서 기반시설이 제공하는 서비스 수준을 평가하는 항목으로 구성된 것이라고 평가할 수 있다.

평가 결과와 활용

2016년 미국 대통령선거에서 당시 양당 대통령 후보자는 '노후 기반시설 개량 투자' 정책을 대선공약으로 발표자리에서 미국 토목학회 기반시설 평가보고서를 인용하였다. 현 바이든 대통령은 취임후 2차 재정부양책의 일부로 '3조 달러(약 3,390조 원) 기반시설 투자' 정책을 발표하면서, 미국 토목학회가 발행한 49개 주의 평가 등급을 언급하였다. 국가 차원에서 발간을 시작하였던 미국 기반시설 평가보고서는 주정부별 보고서 발간으로 확산되었고, 대다수의 기초지자체도 지방정부가 관리하는 기반시설에 대한 평가보고서를 발행하여 활용하고 있다. 1988년 이후 미국 토목학회 기반시설 평가보고서의 영향력은 지난 30년 동안 크게 확대되어 왔고, 2016년 '노후 기반시설 투자'가 대선공약으로 채택되면서 그 파급력은 크게 증가되고 있다고 평가된다.

구분	1998	2001	2003*	2005	2009	2013	2017	2021
공항	B-	D	↔	D+	D	D	D	D+
댐	-	D	↓	D	C	D	D	D
상수도	B-	D	↓	D-	D-	D	D	C-
하수도	C	D	↓	-	D-	D	D+	D-
에너지	-	D+	↓	D	D+	D-	D+	D+
유해폐기물	D	D+	↔	D	D	D	D+	D+
고형폐기물	C-	C-	C+	C+	C+	B-	C+	C-
수로	B(수자원)	D+	↓	D-	D-	D-	D	D+
제방	-	-	-	-	D-	D-	D	D
공원	-	-	-	C-	C-	C-	D+	D+
철도	-	-	-	C-	C-	C+	B	B
도로	C+	D+	↓	-	D-	D	D	D
교량	-	C	↔	C	C	C+	C+	C
학교	-	D-	↔	-	D	D	D+	D+
운송	C-	C-	↓	-	D	D	D-	D+
항만	-	-	-	-	-	-	C+	B-
우수	-	-	-	-	-	-	-	D
전체등급	-	D+	-	D	D	D+	D+	C-
필요자금 (연간)	-	$1.3조 ($2,600억)	$1.6조 ($3,200억)	$1.6조 ($3,200억)	$2.2조 ($4,400억)	$3.6조 ($4,500억)	$4.59조 ($4,550억)	$5.937조 ($4,550억)

〈표 3-2〉 미국 기반시설 평가 추이(1988~2021)

〈표 3-2〉는 1998년부터 2021년까지 미국 기반시설 평가 등급이 변화해 온 추이이다. 2021년의 등급 C-는 지난 20년 동안의 평가(D, D+)에서 다소 개선된 것이다. 하지만 연간 필요자금은 지속적으로 증가하였다. 예를 들어, 2001년과 2013년의 평가 등급은 D+로 같지만, 연간 필요예산은 12년 만에 173%나 증가하였다(2,600억 달러 → 4,500억 달러). 2009년의 D등급에서 2021년에는 C-등급으로 종합 등급이 개선되었지만, 필요예산의 규모는 오히려 증가하였다. 이는 노후 기반시설 개선에 필요한 재원을 적시에 투자하지 않으면 투자금액은 눈덩이처럼 커지는 노후 기반시설 관리의 특징을 잘 보여준다. 미국 기반시설 평가보고서는 국민과 소통할 수 있는 좋은 의사소통 수단으로 자리매김하였다.

경제 파급효과 분석

2021년도 기반시설 평가보고서는 2020년에서 2029년까지 10년간 2조 1,000억 달러에서 2조 5,900억 달러 규모의 투자 부족이 발생할 것이라고 예상하였다. 이러한 부족액은 기반시설의 상태를 B등급으로 유지하는 데 필요한 투자금액과 파악된 시설별 기반시설 투자계획과의 차이를 말한다. 미국 토목학회는 이러한 투자 부족으로 국민총생산량GDP 103조 달러 감소가 예상되고, 이로 인해 2039년까지 300만 개의 일자리 축소와 향후 20년간 미국 수출액이 2조 2,400억 달러 감소할 것이라는 등의 경제적 파급효과를 주장하였다. 이러한 투자 차이를 예산에 반영하는 입법 활동이 이뤄지지 않으면 미국 가계(家計)는 매년 평균 3,300달러를 추가로 지불해야 한다는 분석도 내놓고 있다.

추가적인 지불의 원인과 과정은 다음과 같이 설명할 수 있다. 상태가 좋지 않은 도로와 공항은 국민에게 이동시간 증가를 부담시키고, 낡은 전력시설과 상수도시설로 인해 전기와 물 공급이 원활하지 못해 국민의 불안감은 커진다. 이러한 문제점은 물품과 서비스를 공급하는 제작자와 배송자의 비용을 증가시키는 원인으로 작용하여 사용자인 국민 가계에 그 비용이 요금(사용료)으로 전가되는 결과를 낳을 수밖에 없다.

미국 토목학회는 기반시설 평가보고서를 내놓으면서 경제적 파급효과를 같이 분석해 발표한다. 이는 국가 기반시설의 상태가 적정하게 유지되기 위한 투자가 이루어지지 않을 경우에 국민경제에 끼치는 영향을 수치로 알기 쉽게 일러준다. 이러한 분석 내용은 언론의 인용 등을 통해 국민의 이해를 구하는 데 효과적으로 작용한다. 시설별 보고서Failure to Act가 발간되어 해당 시설에 대한 투자 정책의 입법화에도 기여한다.

전문가 권고사항

미국 토목학회는 기반시설의 평가등급을 올릴 수 있는 방안을 권고한다. 2021년 기반시설 보고서는 리더십과 행동, 투자, 복원력

Resilience 등 3가지 분야에 대한 권고안을 제시하였다.

첫째는 자산관리Asset Management 도입 장려, 생애주기비용을 고려한 사업 선정, 안정화 기술과 첨단 기술의 효율적인 활용, 혁신기술 연구개발 지원, 경제적·사회적·환경적 지속가능성 증진 등을 추진하는 리더십을 확보하는 것이다.

둘째는 2025년까지 미국 GDP의 2.5~3.5%에 상당하는 수준의 투자, 기반시설의 유지관리·개량에 소요되는 비용을 부담하겠다는 국민 인식 전환, 의회의 고속도로 신탁기금Highway Trust Fund 제도 개선, 민간자본 유치 활성화 등과 같은 투자 관련 사항을 권고하였다.

셋째로는 기후변화에 대한 기반시설의 복원력을 강화하는 기술적·관리적·그린화 등과 같은 다양한 관점에서의 방안을 제시하였다.

미국 토목학회는 지난 30년 동안 이러한 다면적인 권고사항을 제시하였다. 이를 통해 국민은 이용하고 있는 인프라의 실태를 인지하였고, 행정부와 의회는 이러한 여론에 힘입어 상태를 개선하기 위한 제도를 마련하였고 예산을 집행하였다. 또한, 기반시설의 그린화와 생애주기비용을 고려하는 자산관리는 인프라 개선의 미래 방향을 제시한 것이다. 기반시설의 건설과 운영에 참여하는 모든 주체는 미국 토목학회의 이러한 활동을 산업의 오피니언 리더의 역할을 다하는 것이라고 평가한다.

기반시설 평가 보고서

3.2
캐나다
Canadian Infrastructure Report Card

캐나다는 기반시설 투자가 앞으로 감소할 것이라고 예측하였다. 이러한 시기에는 기반시설 예산을 효율적으로 배분하는 것이 필수적이라고 생각하고, 캐나다 기반시설 평가보고서를 발간하였다. 캐나다 기반시설 평가보고서는 캐나다 기반시설의 상태를 평가하는 프로세스를 개발하고, 이를 기반으로 상세한 객관적인 정보를 제공하는 것을 목표로 한다. 따라서 기반시설 관리에 대한 제안(권고)과 투자수요 예측 등은 정부 또는 시설물 관리주체가 해야 할 일이라고 판단하고, 보고서에서 언급하지 않는다. 즉 민간기관이 캐나다 기반시설 평가보고서를 발행하면, 정부와 기반시설 관리기관이 이를 활용하는 셈이다.

평가조직 및 절차

캐나다 건설협회, 공공사업협회, 토목학회, 자치단체연합, 공원협회, 도시교통협회, 자산관리협회 등이 참여하는 집행위원회 Project Steering Committee가 캐나다 기반시설 평가보고서 프로젝트를 주도한다. 집행위원회에 소속된 전문가와 기반시설 평가 설문에 참여하는 다수의 지방정부 관계자가 보고서 작성에 참여한다. 캐나다 기반시설과 관련한 관·산·학·연 전문가로 구성된 자문위원단Report Card Advisory Board은 보고서 작성 과정에 참여하여 데이터 분석과 결과에 대한 피드백을 제공하며 보고서의 신뢰도와 중립성을 제고한다.

캐나다 기반시설 평가는 기반시설 관리를 담당하는 전문가를 대상으로 한 설문조사로부터 시작된다. 2012년도 보고서 작성에는 캐나다 346개의 지방정부 중 123개의 지방정부가 설문조사에 참여하였고, 캐나다 전체 인구수의 절반이 넘는 지방정부에서 참여한 것으로 발표되었다. 설문조사는 기반시설군별 물리적 상태에 관한 데이터 수집을 주된 목표로 삼고 있다. 아울러 설문 참여 지자체는 자산관리 현황(자산관리 시스템 사용 유무, 검시·검측 및 상태평가 실행 여부, 시설물 교체 비용 등)과 현재 수요를 충족시키기 위한 기반시설의 용량 정보도 같이 제공한다.

평가대상 시설군

평가대상 시설군은 〈표 3-3〉과 같이 2012년 최초 발생 시점에서는 상수도·하수도·우수·도로(교량 제외) 등 4개 시설로 출발하였으며, 2016년도 보고서는 교량·건물·공원·공공교통 시설 등 4개 시설을 추가하여 총 8개 시설군으로 확대하였다. 2019년도 보고서에서는 건물을 제외하고 고형폐기물을 추가하고, 스포츠·공원 시설군에 문화시설을 추가로 포함하였다.

시설군	2012년	2016년	2019년	비고
상수도 시설 (Portable Water)	○	○	○	
하수도 시설 (Wastewater)	○	○	○	
우수 시설 (Stormwater)	○	○	○	
도로 (Roads)	○	○	○	
교량 (Bridges)	-	○	○	
스포츠·공원 시설 (Sports & Recreation)	-	○	○	2019년 문화시설 포함
건물 (Buildings)	-	○	-	
공공교통 시설 (Public Transit)	-	○	○	
고형폐기물 (Solid Waste)	-	-	○	

〈표 3-3〉 캐나다 대상 시설군 추이

평가기준

평가기준은 물리적 상태를 파악하기 위한 가중 평균기준과 등급 범위 기준으로 구성된다. 물리적 상태를 평가하는 가중 평균기준은 5개 등급으로 구분하여 가중치를 〈표 3-4〉와 같이 부여한다.

물리적 상태 등급	가중치	상태 설명
매우 미흡(Very Poor)	0.2	붕괴 또는 붕괴 임박
미흡(Poor)	0.4	최대 10%의 변형을 동반한 파괴
보통(Fair)	0.6	중규모의 균열, 부스러짐 또는 마모 징후
우수(Good)	0.8	소규모의 균열, 부스러짐 또는 마모 징후
매우 우수(Very Good)	1.0	구조적 결함이 전혀 없음

〈표 3-4〉 평가기준 세부 내역

　등급별로 가중치와 점유율이 정해지면 가중평균값을 계산하여 다음과 같은 5개 군 범위 기준에 따라 해당 시설군의 물리적인 상태를 평가한다. '매우 미흡'은 가중평균값이 50%로, 제대로 된 서비스 제공이 불가한 상태이다. 가중평균값이 50~59%이면 '미흡'한 상태로 정의하는데, 기반시설이 서비스 수명에 다다른 상태이다. 시설물의 열화가 전반적으로 진행되고 일부는 심각한 결점을 보이는 상태를 '보통'으로 정의하는데, 가중평균치가 60~69% 구간이 이에 해당한다. 가중평균값이 70~80% 구간인 경우에는 '우수'한 상태로 정의하는데, 전반적으로 기반시설의 물리적 상태가 우수한 상태이다. 마지막으로 '매우 우수'는 가중평균값이 80% 이상인 경우로, 기반시설이 미래에도 서비스 제공에 적합할 것이라는 평가이다.

평가결과와 활용

캐나다 기반시설 평가보고서는 시설군별 물리적 상태 등급을 주기적으로 평가하여 발표하고 있는데, 해당 시설군에 대한 물리적 상태의 추이를 파악하는 데 좋은 자료라고 평가할 수 있다. 캐나다 기반시설 평가보고서는 기반시설의 실태에 관한 국민의 이해를 돕고 기반시설 관련 정부조직이나 시설물 관리주체가 노후 기반시설 개선방안을 수립하거나 안전과 미래 성장에 필요한 투자 수요를 예측하는 기초자료로 활용되고 있다.

3차례 발표(2012·2016·2019년)된 캐나다 기반시설 평가보고서는 주요 캐나다 기반시설의 물리적 상태 등급에 대한 정보를 제공하고 있다. 그중 2016년도 보고서에서는 물리적인 상태 등급의 정보 외에도 기반시설의 자산 총량에 관한 내용이 포함되었다. 이에 따르면 캐나다 기초지자체Municipalities가 전체 기반시설의 60%를 관리하고 있고, 기반시설의 34%가 '미흡' 또는 '매우 미흡'으로 평가되었다. 이를 전국적인 캐나다 국가자산으로 환산해 보면 1조 1,000억 캐나다 달러(약 1,013조 원)의 규모이고 가구당 8만 캐나다 달러 정도이다. 2019년도 보고서는 자산관리계획 Asset Management Plan을 수립하고 운영하고 있는 기초지자체의 현황을 주민 수 구분에 의한 대·중·소로 나눠 각각 70%, 56%, 29%라고 언급하였다.

기반시설 평가 보고서

3.3 영국
The State of the Nation

영국 토목학회(Institution of Civil Engineers, ICE)는 기반시설 관련 정책에 관한 논의를 유도하고 노후 기반시설의 개선 활동을 활발하게 전개하는 수단으로 영국 기반시설 평가보고서를 발표한다. 보고서는 2003년부터 거의 매년 발행되고 있다. 영국 전체 혹은 지역별(잉글랜드 동부·북서부, 북아일랜드, 스코틀랜드, 웨일스 등)로 발행하는 것이 기본이지만, 전문 분야별(에너지, 교통, 통신 등)로 별도 보고서가 발행되기도 한다. 특히 2016년 이후에는 전문 분야 또는 특정 주제별로 보고서가 발행되고 있다. 2012년의 수자원 시설, 2016년의 지방 이양, 2017년의 디지털 전환, 2018년의 투자, 2020년의 2050년 탄소중립 등이 그런 사례이다. 평가보고서는 2014년 이후에는 기반시설 평가에 대한 추이를 분석하는 것이 용이하지 않다. 이에 본 장에서는 2003년에서 2014년까지의 보고서 내용을 기반으로 하여 분석한다.

평가조직 및 절차

영국 토목학회는 지역 또는 국가 차원의 전문가에게 8개의 질문으로 구성된 질문지Call for Evidence를 나눠주고 이들의 의견과 자료를 수집하여 영국 기반시설 평가보고서를 작성한다. 질문지는 4개 부문(리더십, 리질리언스, 경제·사회적 이익, 기반시설의 물리적 상태와 용량)의 8개 질의사항으로 구성된다. 전문가 그룹은 주로 학회 회원으로 구성되지만 비회원의 참여도 가능하다.

평가대상 시설군

평가대상 시설군은 <표 3-5>와 같이 발행 연도별로 시설의 갯수와 상세도에서 다르지만, 2010년과 2014년에는 상하수도·홍수관리·교통·지역교통·에너지·폐기물 등 6개 시설군이다. 2003~2006년에는 환경·도시재생·커뮤니티 등의 시설군을 포함시키고, 교통시설군을 철도·도로·항만·공항 등으로 세분화해 발표하였다.

시설물군		2003 등급	2003 변화	2003 지속가능성	2004 등급	2004 변화	2004 지속가능성	2005 등급	2005 변화	2005 지속가능성	2006 등급	2006 변화	2006 지속가능성	2010 등급	2014 등급
환경		C	▲		C	-	-	B-	▲	-	-	-	-	-	-
상하수도		B+	▲	B	B+	-	B	B+	-	B-	B	▼	C+	B	B
홍수관리		C+	▲	C+	C+	-	B	C+	-	B	C	▼	B	C	C-
도시재생		D	▼	C+	-	-	-	-	-	-	-	-	-	-	-
교통	철도	D	▼	D	C-	▲	-	C	▲	-	C	-	D+	B	B
	도로	C+	-	D	C+	-	-	C+	-	-	C+	-	D		
	항만	-	-	-	B-	-	-	C+	▼	-	B-	-	C+		
	공항	-	-	-	B-	-	-	B-	-	-	C+	-	D+		
지역교통		-	-	-	C	-	-	C	-	-	C	-	C-	D	D-
에너지		D+	▼	C-	D	▼	C	D	-	C-	D+	▲	D	D	C-
폐기물		D	-	C	D	-	D	D	-	D+	C-	▲	D+	C	C+
커뮤니티		-	-	-	D	-	C+	C-	▲	C	-	-	-	-	-
전체		D+	▼	C	D+	-	C	D+	-	B-	C-	▲	C	-	-

<표 3-5> 영국의 인프라 시설물별 등급(2003~2014)
자료: 영미 선진국의 인프라 평가체계의 이해와 국내도입 방향(2013.3,p.41)에 2014년 등급을 갱신함

평가기준

기본적 평가기준은 시설군별 등급을 A~E등급으로 나누고 개별 등급에다 '+' 또는 '-'를 확장해서 부여함으로써 상세한 등급을 표현하였다. 2003년부터 2006년까지는 등급의 변화 경향과 지속가능성 여부에 대한 평가도 이루어졌다. 2010년부터는 등급 변화의 경향이나 지속가능성 여부에 대한 평가를 제외하고 등급 평가만 발표하였다. 〈표 3-6〉은 2014년 평가기준 등급과 의미를 정리한 것이다.

평가등급	의미	세부 내용
A	미래 용량 및 수요에 대한 완비	기반시설이 좋은 상태로 관리가 양호하고, 주요한 재해에 대한 충분한 용량을 보유함. 향후 5년 동안의 수요 증가에 대한 계획이 수립되어 있음.
B	현재 수요에 적정	기반시설이 적절하게 관리되고, 작은 규모의 재해에 대한 적정한 용량을 보유함. 향후 5년 동안의 수요 증가에 대해서는 추가적인 투자가 필요함.
C	주의 필요	기반시설이 적절하게 관리되지 않아 주의해야 하고, 작은 규모의 재해에 대한 부족한 용량을 보유함. 향후 5년간의 수요를 만족시키기 위해서는 상당한 양의 투자가 필요함.
D	위험 상태	기반시설의 관리 상태가 미흡하고, 작은 규모의 재해에 대한 용량 부족으로 복원력에 중대한 결함을 가짐. 상당한 규모의 투자가 이루어지지 않으면 국가경제에 부정적인 영향을 미칠 수 있음.
E	부적정한 상태	기반시설의 관리 상태가 부적정하게 미흡하고, 부적정한 용량과 복원력을 보유함. 부적정한 상태의 기반시설로 인해 국가경제에 심각한 악영향을 끼칠 수 있음.

〈표 3-6〉 영국 기반시설 평가보고서의 평가등급 기준(ICE, 2014)

평가결과와 활용

영국 전국 단위의 기반시설 평가는 2014년 보고서가 마지막이다. 영국 정부는 2010년에 재무부HM Treasury 내에 영국 기반시설위원회Infrastructure United Kingdom, IUK를 발족하여 기반시설을 총괄하는 거버넌스를 구축하였다. 기반시설위원회는 2010년부터 해마다 기반시설의 현황을 진단하여 국가기반시설계획National Infrastructure Plan, NIP을 발행하고 있다. 기반시설위원회는 대형국책프로젝트관리국Major Project Authority, MPA과 통합하여 국가기반시설관리국Infrastrucuture and Project Authority, IPA로 확대·개편되었다. 영국정부는 기반시설의 미래 수요에 대한 독립적이고 균형 잡힌 조언을 제공하는 국가기반시설위원회National Infrastructure Commission, NIC를 2015년에 출범시켰다. NIC는 5년 주기로 발간되는 영국 기반시설 평가보고서The National Infrastructure Assessment를 2018년에 최초로 발행하였다. 이 보고서는 장기 비전(고품질, 우량 가치, 지속가능한 경제적 기반시설)과 우선순위 결정 요인3C: Congestion, Capacity, Carbon을 고려한 주요 제안 프로젝트를 제안하였다. 영국 토목학회가 2003~2014년에 걸쳐 발행한 영국 기반시설 평가보고서는 IPA와 NIC라는 국가조직이 그 역할과 기능을 인계받아, 기반시설의 평가와 기반시설 투자계획을 주기적으로 실행하는 등 민간이 시작한 사업을 공공 부문이 제도화하여 시행한 모범사례라고 평가할 수 있다.

기반시설 평가 보고서

3.5
일본
인프라 건강진단보고서

일본 토목학회JSCE는 일본 기반시설의 실태를 분석하고 제언을 담은 보고서를 작성하기 위해 사회인프라건강진단특별위원회를 발족하였다. 위원회는 2016년부터 2019년까지 해마다 개별 시설군별 건강진단보고서를 '시행판'이라는 이름으로 발행하였고, 이를 바탕으로 2020년에는 종합보고서 성격의 '2020 인프라 건강진단보고서'를 발간하였다. 2020년도 종합보고서는 도로·철도·항만·하천·상수도·하수도 부문 등의 시설물 건강도 평가 등급과 시설물 유지관리체계에 대한 평가 내용을 담고 있다.

인프라 건강진단보고서는 일본 기반시설의 실태 평가에 그치지 않고 국민의 이해를 구하고 노후 기반시설 개량 정책 수립의 필요성을 지적하는 것을 목적으로 한다. 일본 토목학회의 인프라 건강진단보고서 방법론은 미국과 영국의 토목학회가 주기적으로 발행하고 있는 평가보고서의 방법론을 참조하였다.

평가조직 및 절차

사회인프라건강진단특별위원회는 시설점검 결과(철도 부문은 검사), 유지관리체계 정보에 대해 공표된 데이터, 조사 등을 통해 관련 정보를 수집하였다. 시설군별 건강도와 유지관리체계의 현황은 일본 토목학회가 독자적으로 만든 지표를 활용하여 평가하였다. 특별위원회의 활동은 2019년에 마감되었고, 2020년부터 인프라유지분과위원회의 건강진단소위원회가 이를 이어받아 추진하고 있다.

평가대상 시설군

평가대상은 도로·철도·항만·하천·상수도·하수도 등 6개 시설군이다. 도로 부문은 교량·터널·포장으로, 철도 부문은 교량·터널·궤도로, 항만 부문은 계류시설과 외부시설로, 하천 부문은 제방·하천구조물과 댐 본체로, 상·하수도 부문은 관로시설로 세분화하여 평가하였다.

일본 토목학회는 6개 시설군에서 출발하였지만 앞으로 대상 시설을 추가할 계획이다. 특히 농업 분야의 기반시설도 관련 학회와의 협력을 통해 추가하려고 한다.

평가기준

인프라 건강진단보고서에서 적용하는 평가기준은 시설의 건강도를 평가하는 기준과 시설 유지관리체계에 대한 평가기준으로 구성된다. 건강도의 평가기준은 알파벳 A~E의 5등급으로 구분하고, 시설군별의 특성을 고려하여 〈표 3-7〉과 같이 정의한다. 다섯 등급의 평가기준은 미국이나 영국과 동일하지만, 시설군이 가지고 있는 특성을 고려한 건강도 평가 원칙을 제시하였다는 점이 특이하다.

시설 유지관리체계에 대한 평가기준은 개선 전망, 현상유지

전망, 악화 전망 등 세 가지로 정의한다. 개선 전망(↗)은 현재 관리체계가 지속된다면 시설의 건강상태가 개선될 것이라고 판단하는 것이다. 또 현상유지 전망(→)은 현재와 같은 상태로 시설의 유지관리가 계속된다면 시설의 건강상태는 현상 유지가 될 것이라고 생각하는 것이다. 마지막으로, 악화 전망(↘)은 현재의 관리체계가 개선되지 않을 경우 시설물의 건강도가 나빠질 것이라는 전망이다.

부문	시설의 건강도				
	A 건전	B 양호	C 요주의	D 요경계	E 위험적
도로 상수도 하수도	대부분의 시설에서 노후화가 생기지 않은 상황.	어느 정도의 시설에서 노후화가 진행된 상황.	적지 않은 수의 시설에서 노후화가 진행되어 빠른 보수가 필요한 상황.	많은 시설에서 노후화가 나타나고 있어 보수·보강 등이 필요한 상황.	전체적으로 노후화가 심해져 빠른 대책 수립이 필요한 상황.
하천 항만 철도(교량, 터널)	대부분의 시설에서 변형이 생기지 않은 상황.	어느 정도의 시설에 변형이 진행되어 있는 상황.	적지 않은 수의 시설에서 변형이 진행되어 빠른 보수가 필요한 상황.	많은 시설에서 변형이 나타나고 있어 보수 등의 대책이 필요한 상황.	전체적인 변형이 진행되어 빠른 대책 수립이 필요한 상황.
철도(궤도)	궤도 강화나 상태 감시에 의해 항상 양호하게 지켜지는 상황.	궤도 변형은 발생하지만 정기적인 보수에 의해 일정 단계는 확보되어 는 상황.	적지 않은 궤도에 변형이 진행되어 빨리 보수가 필요한 상황.	많은 궤도에 변형이 발생되어 보수 등의 대책이 필요한 상황.	전체적인 변형이 진행되어 빠른 대책 수립이 필요한 상황.

〈표 3-7〉 일본 시설 건강도의 평가기준

평가결과와 활용

2020년 건강진단의 결과는 <표 3-8>과 같다. 평균적인 일본 기반시설의 현재 건강상태는 적지 않은 수의 시설에서 노후화와 변형이 진행되고 있지만, 전체적인 노후화에는 이르지 않은 것으로 진단하였다. 하지만 현재와 같은 유지관리체계에서는 건강도의 개선은 물론이거니와 현상 유지도 어려워 앞으로 시설의 노후화가 진행될 수 있다.

부문	시설명	건강상태(건강도+유지관리체계)
도로	교량	C↘
	터널	D↘
	노면(포장)	C↘
철도	교량	B→
	터널	B→
	궤도	B→
항만	계류시설	C→
	외곽시설	C→
하천	제방	C↘
	하천구조물	D↘
	댐(본체)	B↘
상수도	관로	C↘
하수도	관로	B↘

<표 3-8> 일본 2020년 인프라 건강진단보고서 진단 결과 요약

도로 부문의 교량과 터널은 2014년부터 시작된 5년 주기의 점검이 2019년에 마무리되었다. 조기에 조치가 필요한 상태의 시설물은 교량의 경우 약 10%이고 터널은 42%였다. 건설 후 50년이 지나는 등 본격적인 시설물 노후화 시대에 대비한 예방적 유지관리가 필요한데, 특히 50년 이상 가동되고 있는 일부 교량은 고령화와 함께 설계 당시 예측하지 못한 수준의 차량 교통량으로 인한 피로의 축적이 문제점으로 지적되었다.

기초지자체(市·區·町·村)가 관리하는 교량의 유지관리 문제도 주목해야 할 부분이다. 기초지자체가 관리하는 교량은 전국 교량의 65%에 달한다. 긴급조치가 필요한 교량도 기초지자체의 것이 월등히 많아서 이에 대한 대책 수립과 시설물 유지관리체계의 정비가 필요한 상황이다. 하지만, 기초지자체의 도로 유지보수를 위한 예산과 체제가 불충분한 것이 현실이다. 이를 위해 국가는 기초지자체의 유지관리 사이클이 적절하게 돌아가고, 유지관리체제가 향상될 수 있도록 장기적인 재정과 기술 지원을 해야 한다.

인프라 건강진단보고서는 건강진단 결과에 대한 처방전으로 다음과 같은 제언을 말하고 있다.

첫째, 장기간에 걸쳐 필요한 예산을 확보하면서 효율적으로 유지관리하는 제도를 확립하여 이를 시스템으로 구축하고, 필요한 인재를 육성하는 것이 필요하다. 특히 기반시설의 예방보전이나 유지관리가 경제활동으로 성립하는 유지관리산업으로 육성되어야 한다.

둘째, 점검 및 진단 결과를 근거로 한 보수·보강이 유지관리의 핵심 요소가 되어야 한다. 궁극적으로 기반시설의 유지관리가 예방보전형 대책으로 전환되어야 한다.

셋째, 증가하는 유지관리비를 예방보전과 기술혁신으로 줄여 사회적 비용을 감소시키는 일이 필수적이다. 여기에서 민간기업이나 국가 연구기관, 대학 등은 점검을 비롯한 반복적인 유지 활동에서 로봇 기술이나 ICT 기술을 활용할 수 있도록 혁신적인 기술개발을 이끈다.

일본 토목학회는 2020년 인프라 건강진단보고서 발행 이후 대상시설을 기반시설 전반으로 확대하는 것을 향후과제로 삼고 추진중이다. 전력·가스·통신 등이 거론되고, 농업 분야의 기반시설은 관련 학회와의 협력을 모색하고 있다. 향후에는 기반시설의 리질리언스를 고려한 필요한 정비 수준과 이를 위한 예산 확보 등에 관한 평가도 추가적으로 추진한다. 즉 도로의 용량·안정성, 하천의 치수 및 이수의 안정성, 선박 대형화로 인한 항만의 대응 등에 대한 평가이다. 일본 토목학회는 기반시설의 노후화 평가지표의 기준화와 기술개발 등과 관련해 미국 토목학회와의 협력도 지속적으로 논의 중이다.

권4. 지속가능한 기반시설 유지관리

4.1 노후 인프라의 실태와 관리 현안
4.2 정부의 노후 인프라 관리 정책
4.3 향후 추진 과제

우리나라 기반시설 관리

우리는 성수대교 붕괴 사고가 발생하고 나서 시설물의 유지관리에 관한 제도를 마련하기 시작하였다. 우리나라는 〈그림 5-1〉과 같이 사고가 터질 때마다 제도를 만들었으나 사고를 수습하는 사후대책 수립에 급급하였다. 성수대교 붕괴 사고가 일어난 지, 석 달을 넘기지 않은 1995년 1월초에 「시설물의 안전관리에 관한 특별법(이하 「시특법」)」를 제정하였다. 세월호 참사가 발생한 2014년에는 다양한 기반시설의 사고도 비번하게 일어나면서, 시설물 관리에 관한 관심이 높아졌다. 정부는 2014~2020년까지 기반시설의 관리 개념을 '사후대책형'에서 '예방보전형'으로 전환하는 일련의 제도 개선을 추진하였다.

본 장은 우리가 사용하고 있는 기반시설의 노후화 실태와 현안을 알아보고 최근 수년 동안에 이뤄진 시설물 관리 제도에 관한 내용을 정리하고자 한다.[9]

---

9   본장의 내용은 저자의 글(노후 인프라의 실태와 지속가능한 관리 방안, 이영환, 2030 건설산업의 미래[pp. 215-243], 한국건설산업연구원, 2020.5)을 기반으로 하여 작성함.

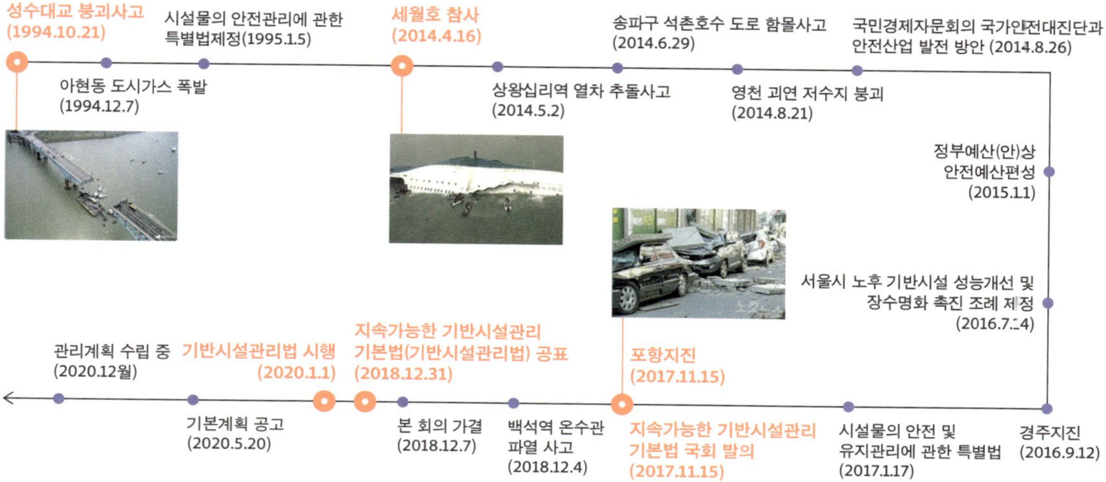

<그림 5-1> 우리나라 시설물 관리 정책의 발자취

출처: 지속가능한 기반시설 관리 시대의 주요 이슈 점검과 제언(2020)

- 성수대교 붕괴사고 (1994.10.21)
- 시설물의 안전관리에 관한 특별법 제정 (1995.1.5)
- 아현동 도시가스 폭발 (1994.12.7)
- 세월호 참사 (2014.4.16)
- 송파구 석촌호수 도로 함몰사고 (2014.6.29)
- 상월곡역 열차 추돌사고 (2014.5.2)
- 국민경제자문회의 국가안전재난산업 안전산업 발전 방안 (2014.8.26)
- 영전 과업 지수치 통괴 (2014.8.21)
- 정부예산(안)성 안전예산편성 (2015.11)
- 서울시 노후 기반시설 성능개선 및 정수명화 촉진 조례 제정 (2016.7.4)
- 경주지진 (2016.9.12)
- 시설물의 안전 및 유지관리에 관한 특별법 (2017.1.17)
- 포항지진 (2017.11.15)
- 지속가능한 기반시설관리 기본법 국회 발의 (2017.11.15)
- 백석역 온수관 파열 사고 (2018.12.4)
- 문 회의 기결 (2018.12.7)
- 지속가능한 기반시설관리 기본법(기반시설관리법) 공포 (2018.12.31)
- 지속가능한 기반시설관리 기본법(기반시설관리법) 시행 (2020.1.1)
- 기본계획 공고 (2020.5.20)
- 관리계획 수립 중 (2020.12월)

4.1 노후 인프라의 실태와 관리 현안

노후 인프라의 현황과 문제점

한국은 세계에서 대표적인 압축성장 국가다. 이러한 고도성장 요인 중 인프라는 첫손에 꼽힌다. 우리나라의 인프라 스톡은 급속한 경제성장을 이룩하기 위해 1960년대부터 구축되었다(〈그림 5-2〉 참조). 1·2차 경제개발 5개년 계획에 따라 1960년대에 만들어진 인프라는 이제 건설된 지 60년에 달한다. 88서울올림픽

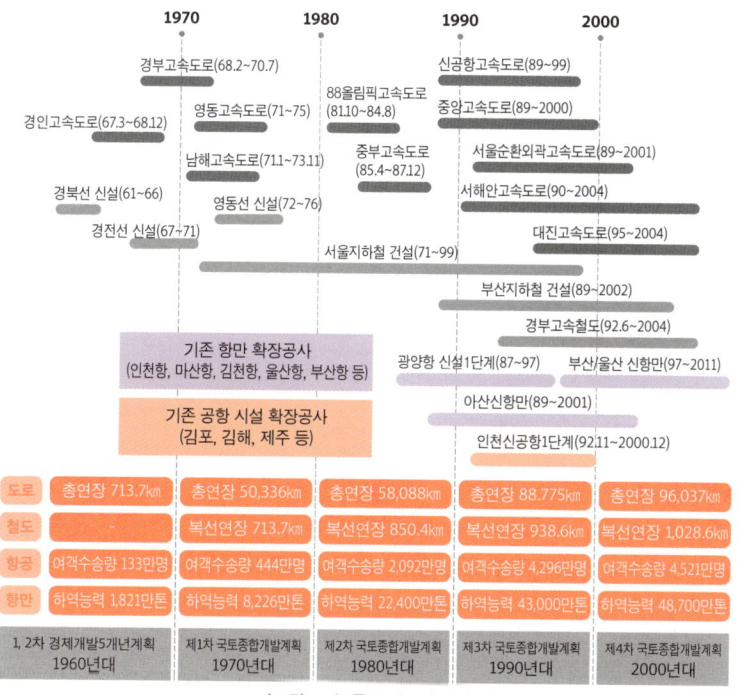

〈그림 5-2〉 주요 인프라 건설 현황

자료: 이상호(2007), 동아 부동산 정책포럼 발표자료, 재인용.

에 대비해서 신규로 건설하였거나 기존 인프라의 용량을 확장한 기반시설의 건령(建齡)도 30~40년을 넘었다. 인프라의 경년화가 심화됨에 따라 노후 인프라의 개량과 재투자가 필요한 시대가 도래하였다.

노후화 대상 시설물의 급증과 심각한 노후화

우리나라 인프라는 '고령화'가 가속적으로 진행 중이다. 〈그림 5-3〉는 「시설물의 안전 및 유지관리에 관한 특별법(이하 「시설물 안전법」)」에서 규정하고 있는 1·2·3종 시설물에 대한 사용연수별 시설물 현황이다. 2019년 9월 기준으로 건령 30년 이상의 시설물은 전체 시설물의 17.2%이지만, 10년 후인 2029년에는 41.8%, 2039년에는 74%로 급격하게 증가한다.

〈그림 5-2〉의 건령 30년 이상 시설물 비율(17.2%)로 보면

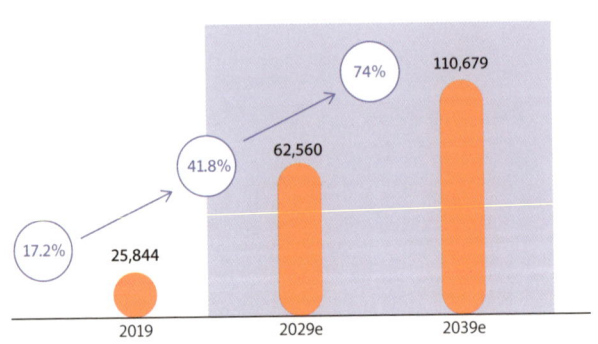

〈그림 5-3〉 사용연수별 시설물 현황
자료: 시설물통합정보관리(FMS, 2019.9).

우리나라 인프라의 경년화에는 큰 문제가 없는 것처럼 보인다. 하지만 시설물통합정보관리시스템Facility Management System, FMS은 대형 지상 구조물을 주 관리대상으로 하고 있어, 3종 시설물과 같은 소형 지상 구조물이나 열 배관 등과 같은 지하 시설물, 전기·통신 설비는 제외되어 있다.

    더 세부적으로 살펴보면, 철도시설의 노후화 현황을 통해 지상 구조물과 설비의 경년화가 심각한 것을 이해할 수 있다. 2017년 1월 기준으로, 준공된 지 30년 이상 경과된 철도 교량과 철도 터널의 비중은 전체 시설의 38.6%이다. 50년 이상 경과된 교량과 터널도 전체의 24.2%에 달한다. 또한 2017년 1월 기준으로, 내구연한이 지난 전기·통신 설비가 37.4%를 차지하고 있다. 설비별 내구연한 경과율은 전철전력 28.7%, 통신 40.8%, 신호 41.8%에 이른다.[10] 「시설물안전법」의 대상이 아닌 지하 구조물의 하수관로 현황은 〈표 5-1〉과 같다. 2013년 12월 기준으로, 서울시 하수관로 총연장(약 5,000㎞) 중 48.3%가 사용연수 30년 이상이다. 50년 이상인 노후 하수관로도 30.5%에 달한다. 서울시는 이러한 하수관로의 노후화와 손상이 도로 함몰과 지반 침하의 주요 원인이라고 발표하였다.

---

10   국토교통부, 중장기 노후 철도시설 개량투자계획 수립 연구, 2017.12, 33~38쪽.

사용연수	10년 미만	~20년 미만	~30년 미만	~40년 미만	~50년 미만	50년 이상
연장(km) (비율)	1,316.8km (12.7%)	1,454.7km (14.0%)	2,597.5km (25.0%)	1,376.7km (13.3%)	427.7km (4.5%)	3,173.9km (30.5%)

〈표 5-1〉 서울시 하수관로 사용연수별 현황
자료: 서울시(2015), 도로함몰 특별관리대책.

전국에 산재해 있는 저수지의 노후화도 문젯거리이다. 2019년 11월 기준으로 우리나라에는 1만 7,240개의 저수지가 분포되어 있다. 축조된 후 30년이 지난 저수지의 비율이 96.3%이고, 50년 이상 된 저수지의 비중도 80%가 넘는다(〈표 5-2〉 참조). 저수지의 노후화로 인한 취약성과 붕괴 가능성이 커지고 있다.

구분	합계		30년 미만 ('89년 이후)		30년 이상(1989년 이후)							
					계		30~50년 (1969~89년)		50~74년 (1945~69년)		74년 이상 (1945년 이전)	
	개소	%	개소	%	개소	%	개소	%	개소	%	개소	%
계	17,240	100	643	3.7	16,597	96.3	2,592	15.0	5,210	30.0	8,795	51.0
KRC	3,411	19.8	401	2.3	3,010	17.5	542	3.1	1,191	6.9	1,277	7.4
지자체	13,829	80.2	242	1.4	13,587	78.8	2,050	11.9	4,019	23.3	7,518	43.6

〈표 5-2〉 저수지 사용연수별 현황
자료: 국내 저수지 노후화 현황 및 안전관리 동향(이백, 한국농어촌공사 농어촌연구원, 2019. 11.);
농업생산기반정비통계연보 2018.

관리 사각지대의 종외[11] 및 소형 시설물

1994년 성수대교 붕괴 사고 이후 정부는 「시특법」을 제정하고 대형 지상 시설물을 중심으로 1·2종 시설물을 정의하여 관리해 왔다. 이에 해당하지 않은 소형 지상 시설물과 지하 시설물 등은 이른바 '종외(種外)' 시설물이라 불리고 있다.

대부분의 종외 시설물은 「재난 및 안전관리법」(이하 「재난법」)에 의거해 중앙정부와 지자체가 관리하고 있는 17만여 개의 특정관리 대상 시설이다. 한국시설안전공단의 내부 자료에 의하면, 약 2만 9,000개소의 전체 교량 중에서 「시특법」의 1·2종 시설물로 관리되고 있는 연장 100m 이상의 교량은 9,600개소이고, 종외 시설물로 분류되는 소형 교량은 약 2만 개소로 전체 교량의 2/3이다. 그럼에도 종외 시설물의 안전 상태 등에 대한 정확한 실태 파악이 미흡하다.

정부는 사회복지시설, 전통시장, 소형 토목시설(농어촌 도로의 교량, 지하도 및 육교, 옹벽 및 절토사면) 등과 같은 소규모 취약시설에 대한 무상 안전점검을 제공한다. 전체 소규모 취약시설은 약 13만 개소로 파악되고 있으나, 전체 시설의 3.3%인 4,400개의 시설에 대한 안전점검만이 이루어지고 있다[12]. 관리 사각지대에 놓인 소규모 공공시설의 안전관리를 위해 행정안전부는 「소규모 공공시설 안전관리 등에 관한 법률」(이하 「소규모 공공시설법」)을 제정하고 2020년부터 일부 지자체들을 통해 소

---

11 「시특법」은 2017년 1월 17일 「시설물안전법」으로 전면 개정돼 1년의 유예기간을 가진 후 2018년 1월 18일부터 전면 시행되었음. 「시설물안전법」의 대상 시설물은 1·2종 시설물 8만 개소와 3종 시설물 17만 개소를 합한 약 25만 개소로 늘어날 것으로 추정됨.
12 국회의원 안호영, 소규모 취약시설 안전점검 인력 확충 필요, 국정감사 보도자료, 2019.10.4.

규모 공공시설을 파악하기 시작하였다.

성능 미달의 인프라 시설물

최근에 건설된 인프라에 비해 성능이 크게 낮은 노후 인프라를 사용하는 경우도 적지 않다. 일례로 서울시 지하철은 1970년부터 최근까지 40~50년간 건설되었다. 동일 요금을 지불하지만 사용 구간의 건설 시점에 따라 사용자가 느끼는 성능은 차이가 난다. 이러한 성능의 차이는 건설 당시의 사회·경제·기술·환경의 여건 변화에 기인한 것으로 평가된다.

경제개발이 본격적으로 추진되었던 1970년대 당시 우리나라 평균 1인당 국민소득은 945달러에 불과하였다. 지금은 3만 달러 시대로 1970년대에 비해 30배 이상 늘어났다. 이에 맞춰 인프라 사용자의 눈높이도 30배로 높아졌다.

하지만 인프라 성능은 국민의 기대 수준에 미치지 못하고 있다. 1974년에 준공된 서울시 지하철 1호선을 포함한 지하철 1~4호선은 서울시민 500만 명이 사용하는 것을 가정하여 모든 설계기준을 정하였다. 수도권 인구가 2,300만 명에 달하는 현재 기준과 비교해 보면 큰 차이를 보인다. 게다가 서울시 지하철 1~4호선은 '도시철도 안전기준'이 제정된 1992년 이전에 준공되었다. 서울메트로(현 서울교통공사)는 서울시 지하철 1~4호선의 재난대비시설과 각종 관련 설비시설이 현행 기준에 크게 미달되어 97

개 역사 중 피난 시간[13]을 초과하는 역사가 34개에 달한다고 발표하였다. 이러한 피난 시간 초과의 주요한 원인은 승강장 내부 계단의 용량 부족이다. 이 외에 승강장과 대합실 보행거리 과다, 내부 계단의 수 및 폭 부족, 승강장 심도, 개찰구 부족 등도 부차적인 원인으로 지적되었다. 이처럼 1970년대에 건설되어 지금까지 사용 중인 인프라는 최근에 구축된 인프라에 비해 성능이 크게 떨어진다.

국내 내진설계 기준은 1988년에 제정되었다. 서울시 지하철 1~4호선의 53.2㎞(전체 구간의 약 39%)가 '도시철도 내진설계 기준'에 의한 법적 내진 성능을 확보하지 못하였다. 「건축법」상 '건축물 내진설계 기준'이 1988년에 제정된 후 정부는 기존 공공시설물의 내진보강 1단계(2011~2015) 기본계획을 수립하였다. 이에 따라 약 12만 7,000개소의 시설물을 보강하려 하였지만, 약 40%의 시설물만 내진 보강하는 데 그쳤다. 특히 학교시설(약 76%)과 공공 건축물의 대다수(약 65%)가 법적 내진 성능에 미달한 상태였다.

지난 100년간 지구 평균 기온은 0.74℃ 상승하였고, 한반도에서는 세계 평균의 2배가 넘는 1.8℃의 평균 기온 상승이 일어났다. 우리나라의 지난 100년간 강수일수는 18%가 감소하였지만, 강수량은 17%가 증가하였다. 우리나라의 강수는 시간적으로는 집중되고 공간적으로는 편중된 형태를 보인다. 환경부는 기상이

---

13   국토교통부의 '도시철도 정거장 및 환승·편의시설 보안 설계지침'상의 '피난기준'은 화재 발생 4분 이내에 발화 지점(승강장) 근처를 벗어나고, 총 6분 이내에 연기 또는 유독가스로부터 안전한 외부 출입구를 벗어나도록 권장하고 있음.

변에 의한 집중호우에 대응하기 위해 강우 빈도를 지선은 5년(65㎜/hr)에서 10년(75㎜/hr)으로, 간선은 10년(75㎜/hr)을 30년(91㎜/hr)으로 상향하였다.

하지만 이러한 설계기준 상향에 따라 설치된 우수 또는 하수관로도 집중호우에 대비한 방재 성능에는 크게 미달한다. 2011년 7월, 서울 지역에 3일간 내린 누적 강수량은 평년 연강수량(1,450㎜)의 41%에 해당하는 595㎜를 보였고, 1시간당 최대 강수량은 107㎜를 기록하였다. 또한 2014년 8월 부산·창원 지역에 내린 시간당 최대 강수량이 각각 130㎜와 117㎜를 기록하였다. 따라서 도시침수 저감시설의 성능 미달로 발생하는 잦은 도시 홍수 피해는 막을 방도가 없다.

재정 부족으로 일상적 유지관리와 적기 성능개선 불가

정부는 1988년에 제정된 내진설계 기준에 의거해 기존 공공시설물의 내진 성능을 보강하는 기본계획을 수립하여 운영하였다. 이어 '1단계(2011~2015) 기존 공공시설물 내진보강 기본계획'의 실적이 2015년 말에 발표되었다. 재정투자 실적은 계획 대비 21.3% 수준으로 저조하였다.

시설물 관리 주체의 소속 기관별로 구분해 보면, 〈표 5-3〉에서와 같이 중앙정부 기관은 계획 대비 57.4%를 기록하였지만, 지자체의 공공시설물 내진성능 보강은 계획 대비 7.8%에 그쳤다. 따라서 지자체가 관리하는 시설물 내진보강에 대한 재정적 투자를 획기적으로 늘리는 방안 수립이 시급하다. 아울러 중앙정부와 지자체 간의 재정 분담과 협력에 대한 정책 개발도 필요하다.

(단위: 백만원)

구분	계획금액	1단계						확보율 (금액 기준)
		추진 실적						
		계	2011	2012	2013	2014	2015	
합계	3,023,124	644,660	158,456	178,291	96,126	98,863	112,920	21.3%
중앙부처	825,300	473,599	109,322	145,320	74,692	61,468	82,794	57.4%
지자체	2,199,824	171,061	49,134	32,971	21,434	37,395	30,126	7.8%

〈표 5-3〉 '1단계 기존 공공시설물 내진보강 기본계획'의 재정 투자계획 및 실적
자료: '1단계 내진보강 기본계획' 추진 실적(2015년 12월 말)을 기준으로 작성한 국민안전처의 국회 보고 자료(김현아 국회의원실 요구 자료, 2016. 9.).

노후 인프라 관리의 현안

지자체 관리 시설의 안전등급 신뢰도 저하

1945년에 축조되어 70년이 넘게 사용해 온 전남 보성군 모원저수지가 2018년 7월에 집중호우로 붕괴되었다. 이 저수지는 같은 해 4월과 6월, 두 차례의 안전등급 조사에서 상태가 양호함을 의미하는 B등급을 받았다. 또 같은 등급을 받은 경북 영천시의 괴연저수지가 붕괴된 것은 2014년이었다.

이러한 붕괴 사고는 과거 「재난법」의 특정관리대상시설로

분류하여 지자체가 매겨 놓은 안전등급의 신뢰성에 대한 의구심을 가지게 한다. 특정관리대상시설은 「시설물안전법」의 3종 시설물로 관리해야 한다. 하지만 3종 시설물의 지정 주체가 지자체이다 보니 예산 확보 등과 같은 문제를 안고 있는 시설물의 주체인 지자체는 3종 시설물의 지정에 소극적이다[14]. 따라서 지자체 소관의 특정관리대상시설을 중앙정부 차원에서 3종 시설물로 편입해야 한다. 특정관리대상시설의 안전등급에 대한 재평가 역시 필요하다.

노후 인프라 관리 비용 미계상

민간 아파트는 주요 시설의 교체 및 보수에 필요한 금액을 '장기수선충담금'이라는 계정으로 적립한다. 이에 비해 재정사업으로 건설되었던 거의 모든 우리나라 공공시설물[15]은 설계 단계에서 해당 시설물의 일상적인 유지관리 비용을 책정하지 않았다. 즉 성능 저하에 따른 원설계(原設計) 수준으로의 보수 및 성능 보강에 필요한 예산의 비용 산정 근거가 미흡하고, 소요 예산에 대한 재원조달 대책이 수립되어 있지 않다. 이를 두고 "공공시설물 관리 주체는 아파트 경비실보다 못한 시설물 관리 체계를 수립·운영하고 있다"는 혹평이 적지 않다.

---

14 2020년 4월 말 현재, 시설물통합정보관리시스템(FMS)에 등록된 3종 시설물은 4만 7,467개소임. 이는 3종 시설물 대상 전체 개소(약 170,000개소)의 약 30%가 되지 않은 규모임.
15 원자력발전소와 1980년 이후에 설계된 화력발전소를 제외한 국내 인프라 시설물을 말함.

노후 인프라에 대한 실태 파악 미흡

미국 등 선진국들은 개별 국가의 특성을 고려한 인프라 평가보고서를 주기적으로 발행하여 인프라의 실태를 정확하게 분석하고, 다양한 사회 구성원과의 소통 수단으로 활용하고 있다. 우리나라는 「시특법」상 1·2종에 관한 시설물 관리 데이터베이스를 운영하고 부정기적으로 실태를 공지하고 있으나, 지역적 통합과 시설물의 총합이라는 관점에서는 매우 미흡하다. 노후 인프라의 실태 파악이 미흡하고, 소통 수단으로서의 신뢰도가 낮아 활용성이 높지 않다.

노후 인프라 개량 종합투자계획 부재

전국 인프라의 실태 분석과 핵심 프로젝트 발굴 연구를 수행한 한국건설산업연구원은 2018년 연구를 통해 발굴한 1,244개 프로젝트의 총사업비 규모가 최소 442조 원을 상회할 것이라고 추정하였다. 1,244개 사업 중 신규 인프라 사업은 781개로 사업비 규모가 422조 원에 달하고, 노후 인프라 관련 사업은 463개로 사업비가 20조 원에 이를 것이라고 추정하였다.

　노후 인프라 사업은 지역별로 사업명은 있으나, 사업 내용과 사업비 추정이 거의 없었다. 더욱이 노후 인프라 개량에 대한 국가 차원에서의 체계적인 기본계획이 수립되어 있지 않고, 시설물별 노후 인프라 개량 투자계획도 준비되어 있지 않다.

노후 인프라 관리의 정부 거버넌스 작동 미약

영국이나 일본 같은 선진국은 노후 인프라의 성능개선 등과 같은 개량 투자 추진 시 우선순위 결정 등과 같은 컨트롤 타워 기능을 정부 조직에 부여해 거버넌스를 확립하고 운영 중이다. 우리나라도 「기반시설관리법」을 제정하여 정부 조직 내 거버넌스의 제도화를 마련하였으나, 개별법과 연계하는 제도 개선이 이루어지지 않아 본격적인 거버넌스 작용이 원활하지 않다.

재투자 및 개량을 위한 예산 배정 방식의 문제점

재투자 및 개량 투자는 신설 투자와 유사하게 막대한 재원이 필요하다. 우리나라는 인프라의 최초 사업계획 단계에서 재투자 및 개량에 관한 비용을 미리 예산에 책정하지 않고 있다. 또한 시설물 관리 주체는 낮은 수준의 공공요금으로 인하여 일상적인 운영 비용에 예산을 우선적으로 배정하기 때문에 재투자 및 개량 투자는 우선순위에서 매번 뒤로 밀리는 것이 현실이다. 이러한 인프라 관리 환경에서 신규 건설투자에 준하는 국고보조금의 지원 없이 자체적으로 투자 재원을 마련할 수 있는 시설물 관리 주체는 거의 없다.

특히 지자체는 시설물의 운영·유지 업무가 고유의 사무로 규정되어 있어 국가 재정부담 기준을 적용받지 못하고 있다. 따라서 지자체가 지방 국도나 도시철도 등의 재투자 및 개량 비용을 모두 부담해야 하는데, 이는 현실적으로 불가능하다. 재정 부족으로 인해 인프라 관리가 적기에 적정하게 이루어지지 않아 시설물의 노후화가 심각해지고 사고 위험도가 높아지고 있는 것이 우리나라 지자체 인프라의 현주소이다.

국가 미래 전략과의 연계 결여

일본은 '인프라 장수명화 기본계획'을 수립하면서 '일본 재흥 전략' 및 '국토 강인화 기본계획'과의 연계성을 강화하여 국가 전략 목표를 달성하는 주요 과제를 발굴해 수행하고 있다. 우리나라도 노후 인프라 관리는 4차 산업혁명 등 국가 미래 전략과 연계되어야 한다. 특히 4차 산업혁명의 핵심 기술인 정보통신 및 로봇 기술과의 융합을 통한 체계적인 인프라 관리를 통해 인프라 스마트화 수준 향상, 인프라 유지관리 산업의 육성, 해외 진출 등의 목표를 달성해야 한다.

4.2 정부의 노후 인프라 관리 정책

국가안전대진단과 안전산업 발전 방안

정부는 지난 2014년 8월 26일, 대통령 직속 기구인 국민경제자문회의가 대통령에게 보고하는 형식으로 '국가안전대진단과 안전산업 발전 방안'을 발표하였다. 주요 내용은 재난·재해의 예방과 대응의 근본적인 처방을 모색하고, 새로운 성장 동력으로 안전산업을 발전시키겠다는 것이다.

정부 정책의 주요 골자로, 전 국민의 참여 아래 사회 전 영역에서의 안전 실태를 다양한 관점 및 단계에서 점검·진단하는 이른바 '대한민국 안전 대진단'이 제안되었다[16]. 국민 안전의식 제고라는 측면과 시설물 안전관리의 기반 조성에 필요한 여러 가지 정책이 도입·운영되고 있다는 점은 매우 긍정적이다. 2015년 8월을 기준으로 국민 일상생활 속의 위험 요소를 알리는 '안전신문고'에 4만 4,000건이 넘는 신고가 접수되어 95%에 해당하는 4만 2,000여 건이 처리·완료된 사실은 전 국민의 안전의식을 제고하는 문화를 만들겠다는 정책 목표를 달성한 하나의 사례이다.

정부 안전예산 편성

정부는 2015년 정부 예산(안)에서 안전예산을 별도로 구분하고, 2014년(12조 4,000억 원)에 비하여 17.9%가 증액된 14조 6,000억 원을 안전예산으로 편성하였다. 그리고 안전예산 편성의 기본원칙을 '사후 복구'에서 '사전 예방'으로, '비상 대응'에서 '일상 관리'

---

16   정부는 2015년 이후, 매년 2월에서 4월까지 국가안전대진단을 시행하고 있다.

로 전환하였다. 이는 안전투자의 양적 확대와 질적 개선을 병행하는 것이라고 평가할 수 있다.

주목할 점은 안전예산의 개념이 정부 예산 편성 및 운용에 도입되었다는 것이다. 안전예산은 협의의 안전예산(S1)과 광의의 안전예산(S2)으로 나뉜다. 협의의 안전예산은 선형 불량 위험도로의 직선화 등과 같이 SOC 시설물의 위험 요인을 제거하는 투자이다. 광의의 안전예산은 학교 및 국민·종사자를 대상으로 하는 안전교육처럼 소프트웨어적 성격의 투자이다.

2015년 예산(안) 중에서 학교 안전위험시설에 5년간 2조 원을 투자하겠다는 것과 서울시 지하철 1~4호선 내진 보강에 902억 원을 배정한 것은 시설물 안전투자에 대한 정부의 의지를 읽을 수 있는 대목이다.

서울시의 노후 인프라 성능개선 및 장수명화 촉진 조례 제정

서울시의회는 「서울특별시 노후기반시설 성능개선 및 장수명화 촉진 조례안(이하 조례)」을 2016년 7월 14일 제정하여 공포하였다. 이는 지자체가 시설물 안전이라는 국정 과제를 정책화한 첫 사례라고 평가할 수 있다. 개량·보수·보강과 같은 일상적인 유지관리를 넘어 노후 인프라 시설물의 성능개선과 장수명화 촉진을 목적으로 한다는 것이 서울시 조례가 가지는 큰 의미이다.

조례의 대상인 노후 기반시설은 「시특법」 대상 시설물과 간선 이상의 하수관로 중 완공 후 30년이 지난 시설물로 정의하였다. 이는 「시특법」상 대상 시설물에서 제외된 하수관로를 포함시켜 서울시 도로 함몰의 주요 원인으로 지적되고 있는 노후 하수관로의 성능개선을 염두에 둔 정책이라고 평가된다. 조례는 '유지관리', '성능개선', '장수명화', '생애주기 비용', '잔존 수명' 등과 같은 용어를 정의하여 노후 시설물의 상태에 따라 다양한 노후 시설물의 정비가 가능하도록 하였다.

조례에 따르면, 서울시는 노후 기반시설물을 조사·평가한 후 실태 평가보고서를 5년마다 갱신해야 한다. 보고서는 시설물별로 이용 수요(용량)의 변화와 미래 예측, 잔존 수명 평가, 사고 시 피해 영향평가, 성능개선 및 장수명화에 따른 미래 가치, 소요 재정 규모 등과 같은 정보를 다룬다. 이는 기존의 물리적 상태(단순 붕괴)만을 고려한 시설물 관리에서 자산 관리를 기반으로 한 시설물 관리로의 패러다임 변화를 예고한다.

서울시장은 실태 평가보고서를 토대로 노후 기반시설의 성능개선 및 장수명화를 위한 종합관리계획을 수립하고 5년마다 갱신해야 한다. 종합관리계획은 중장기 재원 확보 방안, 투자 우선순위 선정 및 연차별 투자계획, 관련 연구·개발 투자계획 등의 내용을 포함한다. 이는 노후 인프라 정비사업을 전략적이고 효율적으로 집행할 수 있는 정책적 토대를 제공한다. 아울러 조례는 유지관리·성능개선·장수명화와 관련한 기술개발 투자계획 수립을 포함하고 있다. 이에 따라 건설업계는 스마트 센서, 빅데이터 분석, 잔존 수명 예측 기법 등과 같은 노후 인프라의 성능 향상에 필요한 기술 개발을 준비해야 할 것으로 보인다.

조례는 산·학·연·관의 전문가로 구성된 '노후기반시설 성능개선위원회'를 구성하도록 규정하고 있다. 이 위원회는 실태 평가보고서 작성과 종합관리계획 수립 등의 타당성을 확보하기 위해 다양한 활동을 벌인다. 위원장은 시 관계 부서의 본부장이 맡고, 2인의 부위원장 중 1인은 시 재정을 담당하는 국장이 선임되도록 규정하고 있다. 이는 재원조달의 중요성을 고려한 정책이라 할 수 있다.

한편 부산광역시, 대구광역시, 전라남도 등 3개 광역 시·도[17]들도 서울시와 유사한 조례를 제정하였다. 비록 일부 지자체는 재정 투자에 관한 제도적 장치가 빠져 있지만, 이 점은 추후 개선을 통해 보완할 수 있을 것이다. 기초자치단체로서 전라남도 순천시가 처음으로 유사 조례를 만들었다는 점도 매우 고무적이라 할 수 있다.

「기반시설관리법」이 2020년 시행된 이후 서울시는 「서울특별시 노후기반시설 성능개선 및 장수명화 촉진 조례」를 2020년 5월에 폐지하고 「서울특별시 지속가능한 기반시설 관리 기본조례」(이하 「기반시설관리조례」)를 새로이 제정하여 시행 중이다.

---

17 「부산광역시 노후시설물 유지관리 및 성능개선 촉진 조례」, 「대구광역시 주요시설물 안전 및 유지관리에 관한 조례」, 「전라남도 노후 사회기반시설의 성능개선 촉진에 관한 조례」등임.

서울시의 노후 인프라 관리 실행

서울시는 2017년 6월, 노후 도시기반시설 유지관리를 위한 <서울 인프라 다음 100년 프로젝트>를 발표하였다. 이는 조례의 실행 계획으로, 단기적 유지보수와 사후관리에만 집중하였던 현재의 기반시설 관리 패러다임에서 벗어나 미래를 대비한 중장기적이고 선제적 대응으로 전환하겠다는 정책 변화를 공표한 것이라고 평가되었다. 이 계획에 따라 30년이 넘은 시설물 전체에 대한 실태 평가보고서를 2019년에 최초 발행하고, 이를 5년마다 지속적으로 업데이트하기로 하였다. 또 노후 기반시설에 대한 연차별 투자계획을 담은 '종합관리계획'을 2020년에 수립하였다.

서울시는 향후 5년간 약 7조 600억 원의 노후 인프라 개량 투자가 필요하다고 판단하였고, 약 86%에 해당하는 6조 609억 원을 자체적으로 확보 가능하다고 분석하였다. 또 빅데이터 분석 등 ICT와 동공탐사 장비 등 4차 산업혁명 시대의 첨단기술을 접목해 시설물 손상을 조기에 발견하는 시설물 유지관리 활동이 이루어질 것이라고 말하였다. 서울시의 시설물관리 정보시스템은 시설물의 상태 변화, 유지관리 비용 등을 예측·분석하여 최적의 보수·보강 시점을 미리 알려주는 미래예측 모델도 장착될 것이다.

「기반시설관리법」 제정과 실행 준비

정부는 노후 인프라 관리 제도로서 「지속가능한 기반시설 관리 기본법」(이하 「기반시설관리법」)을 2018년 12월에 제정·공포하였다. 이로써 국가와 지자체는 「기반시설관리법」 제정을 통해 기반시설의 관리 주체에게 노후 인프라에 대한 '성능개선 비용'을 지원할 수 있는 법적 근거를 마련하였다. 한편으로는 성능개선 비용을 지원받고자 하는 시설물 관리 주체는 성능개선 충당금을 반드시 적립해야 하는 조항을 둠으로써 관리 주체의 책임과 의무를 강화해 이른바 '도덕적 해이'를 방지하고자 하였다.

비용 지원 범위는 실태조사 및 성능평가, 보수·보강, 성능개선 등으로 광범위하고 출자·출연·보조 및 융자 등 다양한 지원 방식이 가능하다. 사용료의 10% 범위에서 기반시설 사용 부담금을 부과할 수 있도록 한 규정은 성능개선 충당금 적립에 필요한 재원을 확보할 수 있는 법적 근거를 관리 주체에게 마련해 준 것이다.

「기반시설관리법」은 국토교통부가 기반시설의 체계적인 유지관리와 성능개선을 위해 5년 주기로 국가 차원의 기본계획을 수립·시행하도록 규정하였다. 기반시설의 관리 주체는 소관 기반시설에 대한 관리계획을 5년마다 수립하여 국토교통부에 제출하고, 소관 기반시설의 유형별 최소유지관리기준과 성능개선기준을 설정하여 고시해야 한다. 아울러 국무총리 소속의 기반시설관리위원회는 기본계획, 관리계획, 최소유지관리·성능개선 공통 기준을 심의한다. 기반시설의 유지관리 현황, 최소유지관리 기준의 충족 여부, 성능개선의 타당성 등을 파악하기 위한 실태조사도 벌일 수 있다.

국토교통부는 민간 시설도 관리 대상에 포함되도록「기반시설관리법」을 개정하여 15종 기반시설을 관리 대상으로 지정하였다. 기반시설의 종합적 관리를 위한 제1차 기반시설관리기본계획(2020~2025)을 공표하였다. 15종 기반시설의 최소유지관리와 성능개선 공통 기준이 기반시설관리위원회의 의결로 확정되었다.

관리·감독 기관은 기본계획에 따라 최초의 5년 단위 관리계획을 수립해야 한다. 관리계획은 기반시설 실태조사, 유지관리·성능개선 등에 필요한 재원 확보, 기반시설 관리 부담금을 부과할 수 있는 법적 근거 마련, 최소유지관리기준 이상으로 유지관리하는 시책 수립 등의 내용을 포함한다.

4.3 향후 추진 과제

「기반시설관리법」 관련 법령의 정비

노후 인프라 관리의 본격적인 시행을 위해서는 「기반시설관리법」의 시행령을 마련하고 관련 법규를 정비해야 한다. 관리·감독기관은 시설관리 주체별 성능개선기준과 최소유지관리기준을 정하는 한편 기반시설 실태조사, 유지관리·성능개선 등에 필요한 재원 확보, 기반시설 관리 부담금을 부과할 수 있는 법적 근거 마련, 최소유지관리기준 이상으로 유지관리하는 시책 수립 등을 포함한 관리계획을 기한 내로 작성해야 한다.

한편 시설별 개별법의 이해당사자는 「기반시설관리법」과 연계해서 해당법(「도로법」 「항만법」 「도시철도법」 등)을 정비해야 한다. 재정 당국도 「기반시설관리법」의 '정부 지원 및 재원조달' 관련 규정과 연계된 「부담금관리법」 「보조금관리법」 「민간투자법」 등의 해당 조항을 개정해야 한다.

성능평가 기반시설 자산관리 체계 구축 및 운영

인프라 관리 제도의 최근 동향은 「시설안전법」의 '성능평가 도입 및 운영'과 「기반시설관리법」의 '사업 우선순위 결정'으로 요약된다. 이는 인프라 관리의 개념이 기존의 '사후 대책'에서 '예방보전형'으로 전환된 데 따른 것이다(<그림 5-4> 참조). 정부는 이를 재정학적으로 뒷받침하기 위해 감가상각 비용을 관리 및 유지에 대체 투입해 자산의 감가상각이 이루어지지 않는 국가회계기준의 내용[18]을 제시하였다. 따라서 국가회계기준을 준수해야 하는 인프라 운영자는 성능평가 기반의 시설 자산관리Facility Asset Management를 도입·운영해야 한다.

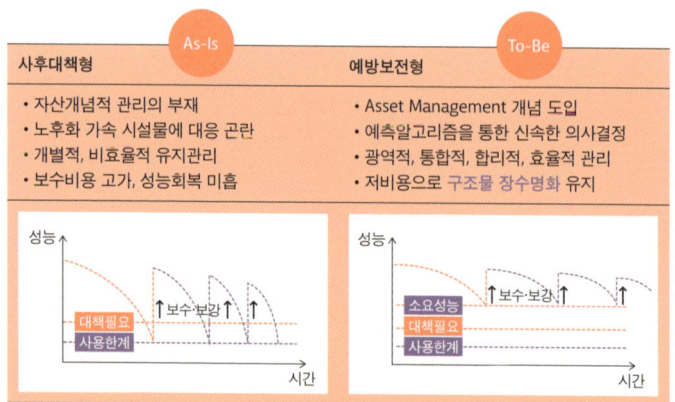

〈그림 5-4〉 인프라 관리 개념의 변화

기술 기준 및 지침 정비

노후 인프라의 보강 및 성능개선 투자에 대한 적정성을 판정하는 기술기준의 마련이 필요하다. 신규로 투자된 인프라 성능의 적정성 판단 기준은 설계기준이 활용된다. 하지만 보강 등의 결과

---

18 「국가회계기준」 제38조 ② 발췌 : 사회기반시설 중 관리 유지 노력에 따라 취득 당시의 용역 잠재력을 그대로 유지할 수 있는 시설에 대해서는 감가상각하지 아니하고 관리 유지에 투입되는 비용으로 감가상각 비용을 대체할 수 있다. 다만, 효율적인 사회기반시설 관리시스템으로 사회기반시설의 용역 잠재력이 취득 당시와 같은 수준으로 유지된다는 것이 객관적으로 증명되는 경우로 한정한다.

에 대한 적정성을 판단할 기술기준이 설정되어 있지 않다. 따라서 보강 및 성능이 개선된 시설물에 대한 표준화된 기준과 지침을 개발하고 성능 인증 절차 수립이 시급하다.

또한 성능평가 기법 도입에 따른 신설 시설물의 설계 프로세스 변경이 필요하다. 즉 신설 시설물의 설계 단계에서 '설계수명'을 정하고 이를 적용해야 한다. 빅데이터 분석을 통한 잔존수명 예측 기법의 개발도 필수적이다. 조사 및 진단 업무를 통해 잔존수명이 자동적으로 예측되는 진단 장비의 개발과 조기 사업화에 많은 투자가 필요하다.

스마트 기술 적용을 위한 예산 지원 및 발주 혁신

노후 인프라에 대한 조사·진단·판정, 설계 및 시공, 디지털 전환 Digital Transformation, 시설 자산관리 시스템 구축 등에 스마트 기술을 적용하는 데 소요되는 예산을 확보하고, 혁신적인 발주 및 입낙찰 방식을 시범사업으로 도입해 성과평가 결과에 따라 적용 범위를 확대하는 것이 바람직하다. 노후 인프라의 스마트 기술 적용을 위해 사업계획 단계에서의 '스마트 기술 적용 내용의 검토 프로세스' 추가 등을 고려할 수 있다.

기존의 신규 건설사업에 맞춰진 사업 예산 편성 기준도 노후 인프라 정비사업의 특성이 고려되도록 해야 한다. 스마트 기술을 적용하는 설계 용역의 입낙찰 방식에 글로벌 스탠더드에 부합하는 '기술 평가(先)-가격 협상(後)'을 도입해야 하고, 설계용역 대가 지급도 실비정산Cost Reimbursable을 시범사업으로 해볼 필요가 있다.

생활 및 노후 인프라 예산 정책 공표

정부는 2020년 3월, 2020년 예산안 편성 작성 지침에 생활 SOC와 노후 SOC 등의 투자를 적시하였다. 재정 당국은 이를 통해 국민 편의를 증진하고 인프라 투자를 확대하는 것을 핵심 투자 패키지로 삼았다. 특히 2020년 4월에 발표된 '생활 SOC 3개년 계획'을 통해 2022년까지 지방비를 포함해 총 48조 원 규모의 생활 SOC 투자가 확정되었다.

정부는 '노후시설 개량 등 안전 인프라 보강'과 '생활 SOC 투자로 지역경제 활성화' 등을 통해 국민 생활의 편의와 안전을 증진하고 경제 활력도 끌어올리는 점을 강조하였다. 하지만 2020년 정부 SOC 예산 22조 3,000억 원 가운데 노후시설 개량 예산의 비중은 매우 미미하다. 또한 정부는 지난 6월에 지속가능한 기반시설 안전강화 종합대책을 발표하였다. 2023년까지 노후 기반시설 안전 강화에 32조 원을 투자할 것이라고 천명하였으나, 32조 원의 상세 내역을 밝히지는 않았다.

노후 인프라 투자로 경제 활력과 양질의 일자리 창출

최근 거론되고 있는 '생활 SOC' 투자는 지역 노후 인프라가 핵심이다. 이는 건설투자 동력을 살려 경제 활력을 이끌려는 현 정부의 '지역거점형 생활 SOC' 예산 정책 시행과 직접적인 연관성을 가진다. 지역의 노후 인프라 정비 프로젝트 발굴과 「기반시설관리법」 시행과 연계하는 정책 방안을 모색해야 한다.

앞에서 살펴본 노후 저수지 사례처럼 3종 시설물 대상 노후 시설물 관리에 대한 의구심은 전문가의 조사와 진단을 통한 실태 파악이 불가피하다. 물론 이로 인해 비용이 수반된다. 하지만 노후 인프라의 안전사고로 인명 피해가 발생할 경우 우리 사회가 치러야 할 사회적 비용은 3종 시설물의 전문가 조사 및 진단 비용에 비교가 되지 않을 정도로 클 것이다.

국민 안전을 위한 국가 예산 투입은 현 정부의 일자리 창출 정책에도 크게 기여할 수 있다. 한 국회의원이 발행한 정책 자료집에 의하면, 노후 시설물에 대한 조사·진단 체계화와 최소한 보수·보강 활동으로 약 5만 1,600개의 일자리 창출과 약 1조 6,200억 원의 부가가치 창출 효과가 기대된다고 한다. 특히 조사·진단·교육·시설 점검 등 건설산업 서비스 분야에 창출되는 고용 효과는 2만 2,000명 정도가 될 것이라고 추정하였다.

참고문헌

社会インフラ メンテナンス学, 橋本 鋼太郎(編集), 日本土木学会, 2019

사회간접자본의 경제학, 홍성웅, 박영사, 2006

Public Infrastructure Asset Management(2nd Edition), Waheed Uddin 외 2인, McGraw Hill, 2013

미국 쇠망론, 토머스 프리드먼 외 1인, 21세기북스, 2011

영미 선진국의 인프라 평가 체계의 이해와 도입 방안, 강상혁·이영환, 2013.3

Fragile Foundations : A Report on America's Public Works(Final Report to the President and Congress), National Council on Public Works Improvement, 1988.2

Report Card for America's Infrastrucutrue, America Society of Civil Engineers(ASCE), 각 발행 연호

Canadian Infrastructure Report Card, canadainfrastructure.ca, 각 발행 연호

The State of the Nation, Institute of Civil Engineers(ice), 각 발행 연호

National Infrastructure Assessment, National Infrastructure Commission, 2018.7

2020 インフラ 健康診断書, 日本土木学会, 2020.6

노후 인프라의 실태와 지속가능한 관리 방안, 이영환, 2030 건설산업의 미래(pp. 215-243), 한국건설산업연구원, 2020.5

지방자치 2.0 지역 인프라, 이영환 외 17인, 한국건설산업연구원, 2019.2

노후 인프라 시설관리 정책 방안, 조정식 국토교통위원장 2017 국정감사 정책자료집, 조정식 국회의원실, 2017.10

노후 인프라의 실태와 지속가능한 관리 정책 방향, 이영환, 차세대노후인프라관리대토론회, 대한토목학회, 2017.12

생활인프라(Lifeline) 노후 실태와 지속가능한 관리방안, 이영환, 제26회 국민생활과학기술포럼, 국민생활과학자문단, 2019.11

지속가능한 기반시설 관리시대의 주요 이슈 섬섬과 세언, 이영환, 지속가능한 기반시설 관리 정책 포럼, 한국시설안전공단, 2020.11

스마트 건설기술 로드맵, 국토교통부, 2018.10

대한건설정책연구원 학술총서
제4권
지속가능한 기반시설 유지관리

글쓴이
이영환

발행인
유병권

발행일
2021년 10월 31일

발행처
대한건설정책연구원
서울시 동작구 보라매로5길 15, 13층
(신대방동, 전문건설회관)
Tel : 02-3284-2600 / Fax : 02-3284-2620

편집제작
(주)사월오일

교정교열
양지선, 엄민용

디자인
김효진

ISBN
978-89-97748-97-6 03540

값
9,000원

Copyright(c) 2021 RICON. All Rights Reserved.
· 이 책은 저작권법에 의해 보호받는 책입니다.(저작권이 협의되지 않은 이미지는 추후 협의하겠습니다)
· 저자와의 협의 없는 무단전재 및 복제를 금지합니다.
· 잘못된 책은 구입한 곳에서 바꿔드립니다.